U0160142

了不起的物理

〔俄罗斯〕雅科夫·伊西达洛维奇·别莱利曼⊙著

刘明杰⊙编译

中国妇女出版社

图书在版编目（CIP）数据

了不起的物理 ／（俄罗斯）雅科夫·伊西达洛维奇·
别莱利曼著 ；刘明杰编译．－－ 北京：中国妇女出版社，
2021.8

（稀奇古怪科学院）

ISBN 978-7-5127-1961-3

Ⅰ.①了… Ⅱ.①雅… ②刘… Ⅲ.①物理学－青少
年读物 Ⅳ.①O4-49

中国版本图书馆CIP数据核字（2021）第009741号

了不起的物理

作　　者：	〔俄罗斯〕雅科夫·伊西达洛维奇·别莱利曼 著　刘明杰 编译
责任编辑：	应　莹　张　于
插图绘制：	叶　汁
封面设计：	尚世视觉
责任印制：	王卫东
出版发行：	中国妇女出版社
地　　址：	北京市东城区史家胡同甲24号　　邮政编码：100010
电　　话：	（010）65133160（发行部）　　65133161（邮购）
网　　址：	www.womenbooks.cn
法律顾问：	北京市道可特律师事务所
经　　销：	各地新华书店
印　　刷：	三河市祥达印刷包装有限公司
开　　本：	165×235　1/16
印　　张：	13.25
字　　数：	140千字
版　　次：	2021年8月第1版
印　　次：	2021年8月第1次
书　　号：	ISBN 978-7-5127-1961-3
定　　价：	59.80元

前言 Preface

　　《了不起的物理》是"稀奇古怪科学院"丛书的分册。本书的部分内容选自俄罗斯科普大师别莱利曼编写的经典科普作品《趣味物理学》《趣味物理学（续篇）》《趣味物理实验》和《趣味力学》。别莱利曼出生于19世纪末，是一位非常了不起的科普作家，他一生都致力于科学和数学的写作，积极开展面向少年儿童的科普活动。在其作品中，他对很多生活中、自然界中的物理现象与物理脑洞做了精彩讲解。比如，为什么降落伞能救人性命？阿基米德真的能撬起地球吗？一个房间里的空气有多重？……这些问题都可以在书中找到答案。他还鼓励小读者做一个小小科学家，利用身边随处可见的物品进行物理实验，教小读者如何制作一个陀螺，如何制作一艘"自己航行"的纸船，如何让靠近火苗的纸条不被点燃……

　　别莱利曼在创作《趣味物理学》等书时，科学研究远没有现在严谨，因此书中存在"质量""重量""重力"概念混用的现象，用质量单位表示力的大小等。并且，随着科学的发展，书中的很多数据比如最大的速度等，都发生了改变。我们在保持原汁原味的基础上，进行了必要的处理。

在编写本书时，考虑到小读者的理解能力，本书邀请了科普爱好者刘明杰老师对别莱利曼的原著进行了适当的改编，方便小读者在短时间内吃透知识点。为了让小读者了解科技日新月异的发展，刘明杰老师也在内容上做了更新和补充，比如在提到"潜水艇是怎样做到上浮和下潜的"时，除了解释了潜水艇的原理外，还讲解了我国首台自主设计研制的深海载人潜水艇"蛟龙"号也是通过这个原理实现上浮和下潜的；在讲解磁铁同极相斥的原理时，将这个原理与磁悬浮列车结合起来，让小读者能更深刻理解磁悬浮列车是如何工作的；等等。另外，为了培养孩子的全科思维，既可以系统地学习物理学知识，也可以增加文学素养，书中还增加了"诗词中的物理"一章，让小读者在学习古诗词和成语的同时，了解其中包含的物理原理。

在编写本书的过程中，我们尽了最大的努力，但难免有不当之处。欢迎小读者在阅读过程中提出宝贵的意见和建议，帮助我们更好地完善。

目录 Contents

第一章　生活中的物理

01.潜水艇是怎样做到上浮和下潜的？ /2

02.为什么水不会流进潜水钟里面去？ /3

03.为什么纸片能够承受住水的重量？ /4

04.两艘平行行驶的轮船为什么会相撞？ /5

05.为什么船在航行时，船头部分会出现向外散开的波浪？ /6

06.为什么降落伞可以救人性命？ /7

07.为什么冬天经常有水管冻裂的现象？ /7

08.为什么热气球爱好者可以乘坐热气球在空中飞行？ /8

09.为什么冰刀可以在冰面上滑行？ /9

10.为什么下雨时先看到闪电再听到雷声？ /10

11.为什么有时候漏斗中的液体漏不下去？ /10

12.摆钟走慢了该如何调整？ /11

13.在体重秤上向下蹲的瞬间，体重秤是向上运动还是向下运动？ /12

14.一个普通人是否能通过固定滑轮抬起100千克重的东西？ /13

15.为什么拖拉机能在泥上平稳行驶，人和马却很容易陷进泥中？ /14

16. 在前进的火车车厢里向上跳,落地时会落在哪里? / 14

17. 为什么从冰上爬行过去比较安全? / 15

18. 谁能更轻松地把球抛给对方? / 16

19. 拉绳子时,如何保证绳子的中部不下垂? / 17

20. 向车窗外扔玻璃瓶,如何保证玻璃瓶更不容易碎? / 18

21. 为什么铁轨之间要留空隙? / 18

22. 掉进玻璃瓶里的软木塞为什么不会在倒水时被水带出来? / 19

23. 茶壶壶盖上的小孔有什么用途? / 20

24. 为什么烟囱里的烟会往上冒? / 20

25. 为什么装修房子时要选择密封性好的窗户? / 21

26. 我们在用冰块冷却饮料时,应该怎么摆放饮料? / 21

27. 火焰为什么不会自己熄灭? / 22

28. 从沸水中拿热鸡蛋为什么不会把手烫伤? / 22

29. 为什么用熨斗可以去除纺织物上的油渍? / 23

30. 是不是真的站得越高看得越远? / 23

31. 如果把耳朵贴在茶壶或者海螺上,会听到回声,这是为什么? / 24

32. 雪为什么是白色的呢? / 25

33. 为什么刷过鞋油的皮鞋会闪闪发亮呢? / 25

34. 停车的信号灯为什么是红色的? / 26

35. 为什么在铁轨上启动一列火车比保持其匀速前进要难得多? / 26

36. 用一枚鸡蛋去碰撞另一枚鸡蛋,哪枚鸡蛋会被撞破? / 27

37. 飞行中的火箭的重心在哪里? / 28

38. 铁轨在转弯的时候为什么会倾斜? / 29

39. 自动机械真的能"自动"吗? / 29

40. 头发丝是否比金属丝更强韧? / 30

41. 自行车车架为什么要用空心管制作? / 31

42. 如何包装易碎物品？ / 32

43. 拖拉机的前后车轮为什么不一样大？ / 33

44. 小船顺流而下时，为什么船的速度比水流速度还快？ / 34

45. 火箭的飞行原理是什么？ / 34

46. 舵可以操纵大船的原理是什么？ / 35

47. "切柳斯金"号为什么会沉没？ / 36

48. 如何拥有一根自动调节平衡的木棍？ / 37

49. 旋转着的陀螺为什么不会倒？ / 38

50. 人为什么能够沿着倾斜得很厉害的跑道跑步？ / 39

51. 为什么在赤道附近称东西比在两极附近称要轻一些？ / 40

52. 破冰船如何在冰上作业？ / 40

53. 隧道是如何挖掘的？ / 41

54. 如何称重倒放的杯子里的水？ / 42

55. 在矿井中工作是什么感觉？ / 43

56. 有风的时候为什么会感到更寒冷？ / 43

57. 扇扇子为什么会让人感到凉爽？ / 44

58. 为什么旅行家说风在沙漠里是"滚烫的呼吸"？ / 45

59. 水能够灭火的原理是什么？ / 45

60. 煤油灯上的玻璃罩有什么用途？ / 46

61. 森林着火时，消防员设置隔离带的原理是什么？ / 47

62. 用沸水能不能把水煮开？ / 48

63. 沸水的温度都一样吗？ / 48

64. 雪能把水烧开吗？ / 49

65. 什么是烫手的"热冰"？ / 50

66. 煤也可以"制冷"吗？ / 50

67. 什么时候指南针的两端都指向北方？ / 51

68. 为什么水流动起来就不会结冰？ / 51

69. 下雨时打电话，会被雷电击中吗？ / 52

70. "开水不响，响水不开"是什么原理？ / 53

71. 人造卫星是如何发射的？ / 53

72. 隐形飞机是如何做到让雷达看不见的？ / 54

73. 自行车尾灯包含什么物理学原理？ / 54

74. 日光灯为什么会不停地闪烁？ / 55

75. 因纽特人的冰屋为什么可以防寒保暖？ / 56

76. 太阳镜为什么能保护眼睛？ / 57

77. 磁悬浮列车是如何工作的？ / 57

78. 如何拍出 5 个人像的照片？ / 58

79. 我们能像鱼一样在水下看清东西吗？ / 59

80. 为什么戴上潜水镜就可以看清水下的东西？ / 60

81. 为什么放大镜在水中会失去作用？ / 61

82. 穿什么样式的衣服最显瘦？ / 61

83. 显微镜为什么能够放大物体？ / 62

84. 为什么奔驰着的火车或汽车的轮子看起来转得很慢？ / 63

85. 车轮的上端似乎比下端旋转得更快，是真的吗？ / 64

86. 坐在椅子上，上身不得前倾，两只脚的位置也不准移动，可以站起来吗？ / 65

87. 如何才能得到准确的体重？ / 66

88. 为什么坐电梯会有失重的感觉？ / 66

89. 物体在什么地方会更重一些？ / 67

90. 为什么磨尖的物体更容易刺入物体？ / 68

91. 子弹在飞行的时候，受到的空气阻力有多大？ / 68

92. 坐在光滑的椅子上比坐在粗糙的椅子上更舒服，这是为什么？ / 69

93.纸风筝为什么能够飞起来？ / 70

94.为什么跳伞运动员在 10 千米的高空可以不打开降落伞往下跳？ / 71

95.为什么放一个银勺子就不会把玻璃杯烫坏？ / 71

96.怎样分辨熟鸡蛋和生鸡蛋？ / 72

97.为什么坐在公园的"疯狂魔盘"上会有被甩出去的感觉？ / 73

98.粗细相同但高矮不同的咖啡壶，哪一把盛的液体多？ / 74

99.没有底儿的高脚杯是怎么回事？ / 75

100.我们是怎么喝水的？ / 76

101.为什么往杯子里倒热水的时候，会把杯子炸裂？ / 76

102.皮袄能够温暖我们吗？ / 77

103.在开水中不会融化的冰块是什么原理？ / 78

104.平滑的冰面比凹凸不平的冰面更容易滑倒吗？ / 79

105.如何消除剧院大厅里的交混回响？ / 79

106.为什么把窗子关上了，还是有风吹进来？ / 80

第二章　自然界中的物理

01.眼睛是如何成像的？ / 84

02.河马为什么很笨重？ / 85

03.陆生动物的身体结构有什么特点？ / 86

04.人和跳蚤哪个跳跃能力强？ / 86

05.巨型生物为什么会灭绝？ / 87

06.大鸟与小鸟，哪个更能飞？ / 88

07.什么动物从高处落下时不会受伤？ / 89

08.人体的耐热能力有多强？ / 89

09. 乌贼是如何运动的？ /90

10. 蚂蚁是如何搬运奶酪的？ /91

11. 为什么说蛋壳是自然界中的"坚固盔甲"？ /92

12. 鱼鳔有什么作用？ /93

13. 为什么灰尘能够飘浮在空气中？ /94

14. 走路和跑步的区别是什么？ /94

15. 河流为什么是弯曲的？ /95

16. 水蒸气是什么颜色的？ /96

17. 雨滴落到地面时的速度是多少？ /96

18. 为什么人可以漂浮在死海上？ /97

19. 你见过流向高处的河水吗？ /98

20. 树木为什么无法长到天上去？ /99

21. 为什么春汛时河面会凸起，枯水期时河面会凹下去？ /99

22. 彩虹是怎么形成的？ /100

23. 雪落在水里有声音吗？ /100

24. 如何制造简易冰箱？ /101

25. 为什么黑暗中的猫是灰色的？ /101

26. 闪电在放电的时候要消耗多少电能？ /102

27. 为什么鸟儿可以平安无事地站在高压线上？ /103

28. 如何高效利用太阳能？ /104

29. 流星真的爆炸了吗？ /105

30. 为什么昆虫飞过会发出嗡嗡声？ /106

31. 为什么有的人听不到蟋蟀或者蝙蝠发出的尖锐声音？ /107

32. 当我们看到日出的时候，太阳已经升起来了吗？ /107

33. 冰柱是如何形成的？ /108

34. 海市蜃楼是如何形成的？ /109

35. 近视的人是怎样看东西的？ / 110

36. 吃干面包片时，为什么自己会听到很大的声响？ / 110

第三章　物理和脑洞

01. 阿基米德真的能撬起地球吗？ / 114

02. 如果摩擦消失了，世界会怎样？ / 115

03. 一个房间里的空气有多重？ / 116

04. 氢气球能飞多高？ / 116

05. 站在船上哪个位置的射手射出的子弹飞得慢？ / 117

06. 在雨中站着不动和在雨中走动，哪种情况会让你淋得更湿？ / 118

07. 如果没有介质的支撑，物体能运动吗？ / 118

08. 沿地球直径凿一个洞，需要多长时间才能穿过它？ / 119

09. 能否给物体一个速度，使物体离开地球表面后再也不回来？ / 120

10. 打开装满水的水桶的水龙头，需要多长时间水桶里的水才能流完？ / 120

11. 能否制造一个水流速度保持不变的容器？ / 121

第四章　课本中的物理

01. 力可以单方面存在吗？ / 124

02. 哪把耙子耙地更深？ / 124

03. 哪个木桶受到的压强更大一些？ / 125

04. 物体保持静止还是运动，是绝对的吗？ / 125

05. 木杆会停在什么位置？ / 126

06.怎样准确理解牛顿第二定律？ / *127*

07."克服惯性"是怎么回事儿？ / *127*

08.什么是向心力？ / *128*

09.重的物体一定下落得快吗？ / *129*

10.欧拉缰绳理论是什么？ / *129*

11.引力到底有多大？ / *130*

12."气体""大气"这些名称从何而来？ / *130*

13.空气的压力有多大？ / *131*

14.声音和无线电波，哪个更快？ / *131*

15.声音和子弹，哪个更快？ / *132*

16.如果声音的传播速度变慢了，会发生什么？ / *132*

17.我们以声速离开时，会听到什么？ / *133*

18.我们能在千分之一秒的时间里做些什么？ / *133*

19.我们的运动速度有多快？ / *134*

20.地球在什么时间绕太阳旋转得更快，是白天还是晚上？ / *135*

21.从行进的火车上跳下来，向哪个方向跳更安全？ / *136*

22.1 吨木头与 1 吨铁，哪个更重？ / *136*

23.电影中的主人公用手抓住一颗子弹能实现吗？ / *137*

24.把西瓜投向行驶的汽车会产生什么后果？ / *138*

25.什么是最薄的东西？ / *139*

26.被"偷"走的电话线去哪儿了？ / *140*

27.我们能看见镜子吗？ / *140*

28.我们在镜子里面看见的是谁？ / *141*

29.为什么人类创造不出永动机？ / *142*

30.多普勒效应是什么？ / *142*

31.超声波可以进行哪些应用？ / *143*

第五章　趣味物理实验

01. 如何制作一个陀螺？ / 146

02. 制作一个彩色陀螺的方法 / 147

03. 制作一个会画画的陀螺 / 148

04. 模拟潜水艇实验 / 149

05. 自制潜水钟实验 / 150

06. 证明空气压力的实验 / 151

07. 钟声入耳实验 / 151

08. 关于空气压力的趣味实验 / 152

09. 磁针实验 / 153

10. 模拟指南针 / 154

11. 用不准的天平称重 / 154

12. 简易验电器 / 155

13. 绳子会在哪里断开？ / 156

14. 纸条会从哪里断开？ / 157

15. 用拳头砸空火柴盒会发生什么？ / 158

16. 蜡烛的火苗是怎么运动的？ / 159

17. 天平哪边重一些？ / 159

18. 如何让靠近火苗的纸条不被点燃？ / 160

19. "自己航行"的纸船 / 160

20. 自制玻璃瓶演奏架 / 161

21. 证明磁力线的实验 / 162

22. 证明磁力不能穿过易磁化的铁的实验 / 163

23. "人造雷雨"实验 / 164

24. 罗森堡实验 / *165*

25. 如何用筛子盛水？ / *166*

26. 如何制作肥皂泡？ / *167*

27. 如何证明液体向上产生压力？ / *168*

28. 神秘的风轮 / *169*

29. 用纸锅煮鸡蛋的秘密 / *170*

30. 声音反射镜实验 / *171*

31. 带电的梳子 / *172*

32. 听话的鸡蛋 / *173*

33. 如何把物体吹向自己？ / *173*

34. 透视手掌 / *174*

35. "魔环"杂技表演的奥秘是什么？ / *175*

36. 神奇的有磁力的山 / *176*

37. 镜子中的秘密 / *177*

第六章　诗词与物理学

01. "坐地日行八万里"是什么意思？ / *180*

02. "绿树阴浓夏日长，楼台倒影入池塘"中蕴含着什么物理学原理？ / *180*

03. "墙角数枝梅，凌寒独自开。遥知不是雪，为有暗香来"中蕴含着
　　什么物理学原理？ / *181*

04. "飞流直下三千尺，疑是银河落九天"中蕴藏着什么物理学原理？ / *182*

05. "空谷传响，哀转久绝"出现的原因是什么？ / *183*

06. "月落乌啼霜满天"中的"霜"是如何形成的？ / *183*

07. "春江潮水连海平，海上明月共潮生"中是如何描述海潮形成的？ / *184*

08. "可怜九月初三夜，露似珍珠月似弓"中的"露"是如何形成的？/ *185*

09. "姑苏城外寒山寺，夜半钟声到客船"说明了什么物理知识？/ *185*

10. "扬汤止沸"中为什么"扬汤"就能"止沸"？/ *186*

11. "釜底抽薪"中包含了什么物理学原理？/ *186*

12. "刻舟求剑"中包含了什么物理知识？/ *187*

13. 从物理学角度看，为什么"抱雪向火"不会变暖和？/ *188*

14. 为什么没有光线时，我们只能看到"漆黑一团"？/ *188*

15. "掩耳盗铃"传递出关于声音的哪些知识？/ *189*

16. "镜花水月"是真实存在的吗？/ *190*

17. 为什么说"冰冻三尺，非一日之寒"？/ *190*

18. "一叶障目"中包含了什么物理学原理？/ *191*

19. 为什么会发生"沉李浮瓜"？/ *192*

20. "一发千钧"中一根头发能承受多大的力？/ *193*

21. "真金不怕火炼"中真金为什么不怕火炼？/ *193*

22. "枕戈待旦"中包含了什么物理知识？/ *194*

第一章

生活中的物理

01. 潜水艇是怎样做到上浮和下潜的？

潜水艇有压载水舱，向压载水舱注水之后，潜水艇的重量就增大了，这时它的重力大于水给它的浮力，潜水艇逐渐下潜。当潜水艇上浮的时候，高压空气渐渐把压载水舱中的水挤出去，使压载水舱重新充满空气，这时它的重力小于水给它的浮力，潜水艇就会上浮。

因此，潜水艇的上浮和下潜都是通过改变自身的重力来实现的。我国自主设计研制的深海载人潜水器"蛟龙"号利用的就是这个原理，它在无动力的条件下自主下潜与上浮。在下潜试验前它会搭载合适重量的压载铁，进入海水后开始下潜。到达作业深度时，"蛟龙"号会抛掉部分压载铁，使重力和浮力平衡，进行勘探。完成任务后，"蛟龙"号再次抛掉压载铁，浮力大于重力，使它上升。

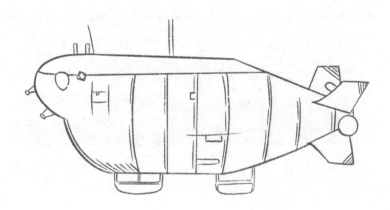

02. 为什么水不会流进潜水钟里面去？

潜水钟是一种无动力潜水装置，早期的潜水钟开口在下，外形与钟相似，故此得名。现代的潜水钟是全封闭结构，船只运载潜水钟到达预定地点后，将其悬吊下沉到海底，潜水员的头盔连接导管，由管子将空气从海面上送进来。

我们可以做一个小实验来模拟潜水钟，把一个玻璃杯倒过来，扣在水底，用手压住杯子。这时，我们会发现，玻璃杯里几乎没有水进去。这是因为杯子里有空气，阻止了水进入。

我们也可以用玻璃漏斗来做这个实验，方法是把漏斗倒过来扣到水里，并用手指堵住上面的漏口，此时水也不会流到漏斗里。但是，如果我们把手指移开，由于空气流通，盆里的水就会立刻灌到漏斗里去，直到漏斗内外的水面相平为止。由此可见，空气并非是"不存在的"，它真实地存在于空间中，如果没有其他地方"藏身"，它就会待在自己的地盘上，所以水不会流进潜水钟里去。

03. 为什么纸片能够承受住水的重量？

一张纸片压在装满水的杯口上，慢慢地将杯子倒过来，水并不会流出，是什么原因造成的呢？

这是因为有气压，气压是指作用在单位面积上的大气压力。气压的力量十分惊人，我们在杯子里装满水，那么杯子里的空气比外面的稀薄很多。杯子里的空气密度比外面的空气密度小得多，所以产生的压力也比外面的小得多。而空气从纸片下面给纸片的压力可大多了，我们甚至可以把这样的玻璃杯从一个地方端到另一个地方，哪怕幅度大一些，水也不会流出来。如果你把这样一杯水端给别人喝，他肯定会觉得非常惊奇。

04. 两艘平行行驶的轮船为什么会相撞？

　　1912年秋天，"奥林匹克"号海轮发生了这样一起事故，它正在大洋上航行时，距离它只有几百米的"豪克"号小船，好像被一股看不见的力量牵引着笔直开了过来。最终，两艘船不可避免地撞在了一起。

　　这是因为在大海上，轮船之间会相互吸引。这可以用伯努利定理来解释，当两艘船平行航行时，一条水道就形成了。在一般的水道里，是水在动，沟壁不动的。而在航行时，是水不动，沟壁在动。在这种情况下，外侧的水的压力会使两艘船相向而行，并且质量小的船移动的幅度更大，这就是大船快速驶过时会出现特别大的引力的原因。

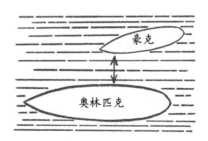

05. 为什么船在航行时，船头部分会出现向外散开的波浪？

液体在一定粗细的管子里流动时，只要流动速度达到某个特定的值，也就是临界速度，液体就会发生涡流现象。露天的河床以及海平面上海水的运动形式也是涡流前进的，如果用测量仪器精确测量河里的水流，可以发现河水在做涡流运动。如果物体被水淹没，物体的表面就会形成涡旋状，所以轮船在航行中，船头部分的平静水面上就会出现向外散开的波浪。

06. 为什么降落伞可以救人性命？

我们看到降落伞的伞面非常大，它所承受的负荷也非常大。没有风时，它会慢慢降落；有风时，它就会落到远处去。

为什么降落伞可以飞起来呢？这正是由于空气的存在，阻碍了降落伞的掉落。要是没有伞面的话，人就会以非常快的速度掉到地上。也就是说，伞面加大了负荷物的受力表面积，但是又没有增加重量。用比较大的伞面增加自由落体下降时的阻力，伞面的表面积越大，空气阻力就会表现得越明显。降落伞减小了下降时的速度，使下降到地面的速度达到人体能够承受的速度，这就能使从高空落下的人存活。

07. 为什么冬天经常有水管冻裂的现象？

在冬天，如果我们灌满一瓶水放到室外，会得到满满一瓶冰吗？如果我们真的这么做，就会发现，我们得到的并不是一瓶冰，或者说，不是一瓶完整的冰。冰是有了，但瓶子却被冰撑破了。

这是为什么呢？

因为水的密度比冰大，同等质量下，密度变小，体积会变大，产生的作用力非常大。如果包裹冰的金属不够坚固，冰甚至可以让金属断开。有人曾经做过类似的实验，水结冰后可以撑破一个5厘米厚的铁瓶。所以在冬天经常有水管冻裂的现象，就是这个原因造成的。这也可以解释冰会浮在水的上面，因为冰比水轻。如果水结冰后体积变小，冰就会沉下去，而不是浮在水面。

08. 为什么热气球爱好者可以乘坐热气球在空中飞行？

在任何热的物体旁边，都会有一股向上运动的热气流。像其他的物体一样，空气被加热后，体积也会膨胀。也就是说，当热气球被加热后，它内部的空气密度会变小，也就是空气变轻了。而热气球外部的空气比较冷，也就是空气的密度比较大、比较重。相同体积的热空气比冷空气轻，所以冷空气就会把热空气往上面挤，并占据热空气的位置，这样就产生了浮力。

热气球还可以通过改变燃烧的间隔时间，调整球囊温度，来控制热气球的上升和下降。把球囊内的空气加热后，就会有很多热空气从球囊内排出去。此时，气球变轻，重力小于浮力，气球逐渐上升。停止加热球囊内的空气后，冷空气又进入球囊。此时，气球的重力增加，重力大于浮力，热气球就会下降。

09. 为什么冰刀可以在冰面上滑行？

　　当压力足够大的时候，冰块会融化，只不过由于温度低于0℃，融化的冰又会迅速地凝结。正是由于这个原因，人们可以在冰上滑冰。当滑冰者利用自身的体重压在冰刀上的时候，冰刀下的冰受到压力作用就会融化。于是，冰刀就滑行了起来。当冰刀滑到下一个地方，冰还会融化，冰刀会继续滑下去。滑冰者所到之处，冰刀所接触的薄冰层就会融化成水。但是，一旦冰刀滑过去，刚刚融化的水又会结成冰。所以，虽然严寒的时候冰是干的，但在冰刀的作用下却能融化成水，并起到了润滑的作用，使冰刀向前滑行。

10. 为什么下雨时先看到闪电再听到雷声？

声音和光的传播速度是不一样的，声音的传播速度是340米/秒，光的传播速度是3×10^8米/秒，因此光在空气中的传播速度要快得多，大概是声音的100万倍。声音的传播速度比光慢，所以它从声源传到你的耳朵需要一定的时间，而光几乎一瞬间就能到达你的眼睛里。下雨时，当雷声还在向耳朵传播的时候，闪电已经进入你的眼睛里。这时你就会误以为闪电出现的实际时间比雷声早。

11. 为什么有时候漏斗中的液体漏不下去？

当我们用漏斗把液体灌到瓶子里的时候，要时不时把漏斗拿起来一下，否则，液体就可能漏不下去了。这是为什么呢？原来，瓶子里有空气，如果不把空气排出来，就会对漏斗里面的液体产生压力，导致液体漏不下去。当液体流进瓶子里后，瓶子里面的空气会在液体的压力下收缩。但是，如果空气被压缩到一定程度，会产生一个很大的压力，这个压力大到足够把液体挡在漏斗里，不让液体向下流。因此，我们要时不时把漏斗拿起来一下，以便让瓶子里的空气排出来。这样，漏斗里的液体才会继续流下去。

12. 摆钟走慢了该如何调整？

　　摆钟是一种时钟，是由荷兰物理学家克里斯·惠更斯在1656年发明的。现在我们在博物馆或名人故居经常可以看到它的身影。如果摆钟走慢了，如何调整钟摆，才能使它正常呢？反过来，如果摆钟走快了又该如何调整呢？

　　对于带钟摆的摆钟来说，钟摆越短，摆动的速度越快。这一点，我们可以用系重物的绳子来验证一下。根据这一原理，很容易就可以得出上面问题的解决方法。如果摆钟走慢了，稍微缩短一下钟摆的长度，摆钟就正常了；如果摆钟走快了，就反过来，增加钟摆的长度。

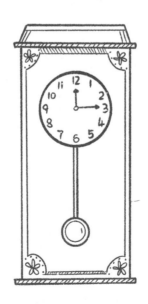

13. 在体重秤上向下蹲的瞬间，体重秤是向上运动还是向下运动？

向上运动。

人在体重秤上受到向上的支持力和向下的重力。当我们蹲下时，肌肉会把我们的身体向下拉，同时，它也会向上拉我们的双脚。下蹲的瞬间产生向下的加速度，这就导致体重秤受到的压力变小。重力大于支持力，重力不变，所以支持力变小，人对秤的反作用力就会变小，进而体重秤的读数变小，体重秤会向上运动。

14. 一个普通人是否能通过固定滑轮抬起100千克重的东西？

其实，即便借助固定的滑轮，你所能拉起的物体重量也不会比空手抬起的重量大，甚至比空手抬起的重量还要小一些。另外，当你通过固定的滑轮拉物体时，你所能拉起的物体重量一般不会比你的体重大。一个普通人的体重一般不会大于100千克，所以，你不可能通过这个方法拉起100千克的物体。固定的滑轮只能改变运输物品的方向，却并不能省力。

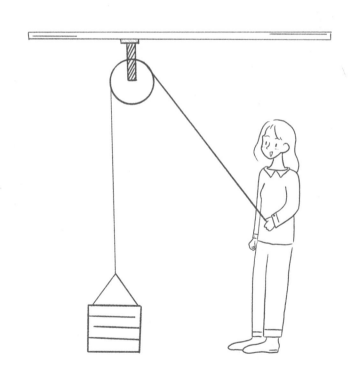

15. 为什么拖拉机能在泥上平稳行驶，人和马却很容易陷进泥中？

每平方厘米的接触面积上所受到的压力越大，物体越容易陷进去。对于履带拖拉机来说，虽然它自身的确很重，但是分摊到履带上的压力却比人脚和马蹄上的压力小多了。所以，我们就很容易理解，为什么人和马很容易陷入泥泞的土地里，而履带拖拉机却不会。

16. 在前进的火车车厢里向上跳，落地时会落在哪里？

仍然会落在起跳的位置。

有人可能认为，跳到空中的时候，地板跟车厢会一起向前行进，所以会落在车厢后面的某个位置。

一切物体在没有受到外力作用的时候，总保持原有的运动状态或静止状态叫作惯性。一切物体都具有惯性，车厢确实在前进，但是由于惯性的作用，你也在前进，并且你的行进速度跟车厢是相等的，所以你会落在起跳的位置。

17. 为什么从冰上爬行过去比较安全？

冬天，河水或湖泊中的水会结成冰，当冰不够厚时，人们总是从冰上爬过去，这是为什么呢？原来，对于爬行在冰上的人来说，虽然不会因为趴着而使体重变轻，但是由于跟冰面的接触面积变大，所以每平方厘米受到的压力就会变得很小。也就是说，压强变小了。这样冰面就不容易裂开，人就不会掉下去。

有时，人们甚至会找一块宽大的木板，躺在上面滑冰，这样就更安全了。另外，冰能承受多大压力和冰的厚度有关。冰的厚度超过一定值时才能承受一个人的体重。

18. 谁能更轻松地把球抛给对方？

　　两个人分别站在正在行驶的船的两端，向对面抛球，如果船的行驶速度是均匀的，也就是进行匀速直线运动，那么这两个人可以同样轻松地把球抛给对方。行驶的船与静止的船没有任何差别。有人可能以为，靠近船头的人会远离球，靠近船尾的人会靠近球。实际上，由于惯性的作用，球和船的速度是相同的，船上的人和球的速度也是相同的。所以，每个人都一样轻松，谁也不会占便宜。

19. 拉绳子时，如何保证绳子的中部不下垂？

当我们沿水平方向拉直绳子，不管多么用力，都不可能使绳子的中部不下垂。绳子的中部之所以会下垂，是因为绳子始终受到重力的作用，而我们给的作用力不在垂直方向上，这两个力的合力不可能达到相互抵消，也就无法使绳子的中部不下垂。

比如，不管使多大的力，我们也不可能把吊床完全拉平。人躺在上面时，在人的重力作用下，一样会下垂。总之，我们作用在水平方向上的力无论多大，都不可能完全拉直绳子，我们只能尽量减小下垂的程度。除非在垂直方向向上拉绳子，否则，绳子的中部一定会下垂。

20. 向车窗外扔玻璃瓶，如何保证玻璃瓶更不容易碎？

你可能听说过，如果我们从行驶中的车上向下跳，沿着车运动的方向往前跳会更安全一些，因为这样跳更不容易摔伤。所以，我们似乎可以推理出，在汽车行驶过程中应该把瓶子往前扔，这样落地时瓶子所受到的冲击力最小。

但是实际上，这一推理是错误的。我们应该把瓶子往后扔，也就是跟车厢运动方向相反的方向。这时，我们给瓶子的速度会抵消瓶子惯性带来的速度。于是，当瓶子接触地面的时候，它的速度会减小。如果往前扔瓶子，情况正好相反，瓶子得到的速度是两个速度的叠加，瓶子获得的速度反而变大了，它所受到的冲击力也就变大了，因此更容易破碎。

21. 为什么铁轨之间要留空隙？

在铺铁轨的时候，在铁轨之间必须留空隙，而不能把它们紧紧地连在一起，否则铁轨就无法正常使用了。这是为什么呢？

我们都知道，物体具有热胀冷缩的特性，铁轨也一样。夏天的时候，在日晒的作用下，铁轨会变长。如果不预留空隙，铁轨就会相互挤压，进而发生变形，甚至会把用来固定铁轨的道钉挤脱落。预留的空隙也要考虑冬天的情况，冬天时，天气比较寒冷，铁轨会收缩，铁轨之间的空隙会变大。为了保证火车的正常运行，铺铁轨的时候，一定会根据当地的气候条件来计算空隙的距离。

22. 掉进玻璃瓶里的软木塞为什么不会在倒水时被水带出来？

生活中你可能遇到过这样的情况：一块软木塞掉进了装着水的玻璃瓶里，软木塞的大小跟瓶口差不多，按道理正好能从瓶口拿出来，但是不管我们怎么倾斜或翻转玻璃瓶，总是无法把软木塞带出来。于是我们开始倒水，但是直到我们快要倒空玻璃瓶里的水时，它才会掉出来。这是为什么呢？

其实这是因为软木塞的密度比水小，所以它总是浮在水面上。在倒水的时候水面产生波动，软木塞会随着水面运动，只有当瓶子里的水快倒完的时候，软木塞才可能靠近瓶口的位置。所以，只有这时候，软木塞才会从瓶口掉出来。

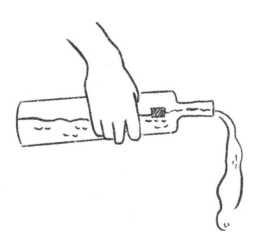

23. 茶壶壶盖上的小孔有什么用途？

茶壶壶盖上的小孔的用途就是调节壶内和壶外的气压。当我们用茶壶倒水的时候，水从壶嘴里流出来，壶的空间增大，外面的空气就会从小孔进到壶里，使壶里空气的压力与外面大气压力相同，水就能不断地从壶嘴里流出来。如果没有这个小孔，空气就不能进入茶壶，壶里的空气压力小，外面大气压力大，壶里的水就倒不出来了。

24. 为什么烟囱里的烟会往上冒？

我们经常会在冬天看到锅炉房上的烟囱冒着烟，但仔细看周围并没有吹风机将烟"吹"出去，烟囱里的烟仍旧会向上冒，这令人感到很惊奇。其实这是因为热胀冷缩原理，受热后，烟囱里的空气会发生膨胀，而且变得比周围的空气更轻，在这些热空气的推动下，烟就慢慢被推到了上面。等烟钻出烟囱后，支撑它的空气会慢慢变凉，于是烟又会往下落。

25. 为什么装修房子时要选择密封性好的窗户？

你一定知道如果家里的窗户密封性好，室内的温度会比较高。为什么窗户密封性好可以使房间保持温度呢？

这是因为空气的导热性是非常差的，密封性好的窗户可以把空气严实地封堵在室内，防止空气"逃走"的同时把热量带走。所以在冬天我们把两扇窗户完全紧闭，不留任何缝隙，也可以起到保温的效果。如果用密封条封住窗户缝隙，效果会更好。封堵得越严密，室内越暖和。

26. 我们在用冰块冷却饮料时，应该怎么摆放饮料？

我们在海边度假时，有时会看到小摊贩把饮料放在冰块的上面冷却，就像在火上煮汤一样。其实，这是错误的。加热东西的时候，的确应该把东西放在热源上面，可是冷却东西时，就应该把需要冷却的东西放在冰块下面。这是因为，物体的温度越低，密度越大，冰冻饮料比常温下的饮料密度会大一些。如果把冰块放在饮料上面，靠近冰块的饮料冷却后密度会慢慢变大，于是它就会流到下面，而上面的位置又会被常温的饮料占据。常温的饮料被冷却后又流到下面。瓶子里的饮料循环流动，很快所有饮料都会被冷却。如果反过来，把饮料放在冰块上面，瓶子中的饮料并不会流动起来，饮料也就不容易冷却了。

27. 火焰为什么不会自己熄灭？

我们知道，很多物体燃烧会产生二氧化碳和水蒸气，这些物质都是不可燃的。也就是说，它们并不能帮助燃烧维持下去。火焰一旦燃烧起来，就会产生这些不可燃的物质，它们会影响空气的流动，阻碍火焰的燃烧。但是燃烧却没有停下来，火焰也没有自己熄灭，这是为什么呢？原因就在于气体受热后会膨胀，变得更轻。虽然燃烧产生了二氧化碳，但是这些二氧化碳气体不会待在火焰的周围，它会不断被空气挤走，火焰才能不断地燃烧。

28. 从沸水中拿热鸡蛋为什么不会把手烫伤？

你可能看到过有人能徒手拿出沸水中的鸡蛋，然而他的手并没有被烫伤，这是为什么呢？其实，虽然从沸水中拿出来的鸡蛋很烫，但它的表面非常湿，在高温的作用下，这些水会瞬间蒸发，带走蛋壳的一部分热量，从而给蛋壳降温，所以手并不会感觉很热。当然，只是在一开始的时候，手感觉不到鸡蛋烫，一旦鸡蛋表面的水蒸发干净，你立刻就会感觉到鸡蛋的高温。所以徒手从沸水中拿出鸡蛋后应马上把它放到盘子里，才能保证手始终不被烫伤。

29. 为什么用熨斗可以去除纺织物上的油渍？

其实这个原理很简单，温度越高，液体的表面张力越小。英国著名物理学家麦克斯韦曾提到过这个问题："如果不同位置的温度不同，油渍就会从温度高的地方向温度低的地方移动。比如，我们可以在布的一端放一块烧热的铁块，在另一端放一块棉布，那么，油渍就会自己跑到棉布上去。"所以，用熨斗可以去除纺织物上的油渍，而且在去除油渍的时候，应该把吸收油渍的材料放在纺织物的下方，与熨斗隔开。

30. 是不是真的站得越高看得越远？

"会当凌绝顶，一览众山小"，想必大家都听过这句诗。那么是不是真的站得越高看得越远呢？答案是肯定的。如果我们站在平坦的地面上，只能看到有限的距离。这个视野范围通常称作"地平线"。在地平线之外的树木、房屋或者其他高的建筑物，由于下面的部分被凸起的地面挡住了，我们根本看不到它们的全貌，只能看到顶端的一部分。我们知道，地球是圆的，看似平坦的陆地和平静的海洋其实都是凸起的，这是由弯曲的地面决定的。因此，站到高的地方，可以看得更远。

31. 如果把耳朵贴在茶壶或者海螺上，会听到回声，这是为什么？

生活中，我们处在各种声音的包围中，比如窗外的风声，远处的汽车声、鸟鸣声，屋内电子设备发出的声音，等等。平时，这些声音很小，我们的大脑会自动过滤掉它们，根本注意不到。而当我们把茶壶或者海螺放在耳边时，茶壶或者海螺就是一个共鸣器，如果来自外界的振动或声音的频率与茶壶或海螺内固有的频率相同，就会发生共鸣，我们身边各种各样的声音就都被放大了。

32. 雪为什么是白色的呢？

其实，这里面的道理与碎玻璃是一样的。一块完整的玻璃是透明的，如果我们把它敲碎，就会看到一堆白色的粉末。雪花也是这样，构成雪花的每一粒小冰晶仍然是透明的，小冰晶的表面不平整，光线并不能从这些小冰晶中直接穿过去，所以光线经过多次反射之后向四面八方分散。于是，这些小冰晶整体看起来就是白色的了。

33. 为什么刷过鞋油的皮鞋会闪闪发亮呢？

你可能会说，刷过鞋油的鞋子表面光滑了，所以更加反光。其实，这种说法是不严谨的，因为世界上并不存在绝对光滑的表面，即使是看起来最光滑的表面在显微镜下看也会有起伏。对于照射在上面的光线来说，如果起伏的程度比较小，光线就会正常反射回来。但是如果起伏的程度比光线的波长还大，光线就无法正常反射回来，会发生分散，也就无法产生镜子般的效果，所以这样的表面就不会发亮。在刷鞋油之前，皮鞋表面的起伏程度很大，所以不会发亮；在刷了鞋油后，粗糙的鞋面因为覆上了一层薄膜，起伏程度变小了，鞋面自然就变成反光的表面了。

34. 停车的信号灯为什么是红色的？

每种颜色的光的波长都不同，跟其他颜色的可见光相比，红光的波长最长，不容易在空气中被分散吸收。在铁路上，信号灯是非常重要的，驾驶员要根据信号灯的指示在很远的地方进行调整。红光因为在大气中的穿透距离长，所以在很远的地方就能看到。此外，在所有颜色中，我们的眼睛对红色更加敏感，在画画的时候我们就能感觉到红色是一种十分醒目的颜色。所以停车的信号灯是红色的。

35. 为什么在铁轨上启动一列火车比保持其匀速前进要难得多？

要想启动一列火车，需要在一开始的几秒钟里给它一个外力，使火车达到一个初速度。如果我们给火车的力量不够大，火车根本就启动不起来。另外，在静止和运动的状态下，火车的润滑情况是不一样的。在由静止状态转为运动状态的过程中，轴承的润滑油还不均匀，这时候如果想启动火车就比较困难。但是，当车轮转动起来后，润滑油就会慢慢变均匀，这样后面的运动就会变得越来越容易。

36. 用一枚鸡蛋去碰撞另一枚鸡蛋，哪枚鸡蛋会被撞破？

这个问题是由美国《科学与发明》杂志首先提出的，得到的答案也众说纷纭。其实，"撞过去的鸡蛋"和"被撞的鸡蛋"没有什么差别，因为我们在描述一个物体的运动状态时，一定是相对于某个参照物而言的，运动是至少对两个物体来讲的，它们互相靠近或者互相远离。两枚鸡蛋在相互靠近的过程中会受到空气的阻力，碰撞时会受到同样的作用力，所以不能确定哪一枚鸡蛋会被撞破。

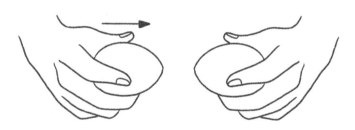

37. 飞行中的火箭的重心在哪里？

火箭在飞向月球的过程中，只受到内力的作用，它的重心却由地球转移到了月球，这种说法正确吗？

其实，火箭在飞向月球的时候，会喷出气体和一些燃烧产物。如果这些气体和燃烧产物没有碰到地球，火箭就不会飞到月球上。所以对于整个系统来说，我们应该把整个地球也算进去，不应该只分析火箭，而应该考虑地球与火箭组成的这个大系统。在火箭喷出的气体的作用下，地球会发生移动，只不过与火箭的惯性中心移动方向相反。地球的质量比火箭大得多，只需要很小的移动就可以抵消火箭的移动，所以整个系统的惯性中心不变，火箭的重心也仍然在火箭起飞前的那个地方。

38. 铁轨在转弯的时候为什么会倾斜？

一位物理学家说过："一天，我坐火车旅行，当火车转弯的时候，我突然发现铁路旁边的树木、房屋、工厂等都变得倾斜了。你坐火车的时候，看看窗外也会是这样的。"为什么会出现这个现象呢？这是因为在转弯的这个地方，铁轨存在着一定倾斜的角度。

当火车在倾斜的轨道上，会受到一个垂直于地面的重力和垂直于斜面的支持力，这两个力会产生一个合力，这个合力就给火车提供了转弯需要的向心力，火车才能正常地转弯。

39. 自动机械真的能"自动"吗？

我们每个人都用过手表，其实在以前，有一种手表是用发条来带动的。当把它戴在手腕上时，通过手不停地晃动就可以上紧发条，根本不需要手动来上发条。我们只需要戴上几个小时，便足以使重锤带动发条，让手表走上一昼夜。这种手表看似"自动"，其实也是需要佩戴者的肌肉力量的。当把这种手表戴在手腕上的时候，通过做动作所做的功比普通的手表要大一些。从某种意义上讲，它不能算作自动机械，只是不需要人的"专门照料"罢了，仍然需要人的肌肉力量来上紧弹簧。

40. 头发丝是否比金属丝更强韧？

在很多人的印象中，头发都是脆弱易断的，但其实大家都想错了，头发丝比很多金属丝都要强韧得多。人的一根头发一般是0.05毫米左右，但是它却可以承受100克左右的重物。我们来做一个计算，一根头发的直径为0.05毫米，它的横截面积大概为$2 \times \left(\dfrac{0.05}{2}\right)^2 \times 3.14 \approx 0.004$平方毫米。如果横截面积达到1平方毫米，它就可以承受2500克的重量，是不是很惊人？其实在抗拉程度上，头发丝介于铜和铁之间，比铅丝、锌丝、铝丝、铜丝都要强韧一些。

41. 自行车车架为什么要用空心管制作？

如果一根空心管的环状截面和一根实心管的横截面面积相等，那么它们的强度是一样的吗？事实上，在抗压强度和抗断强度方面，这两根管子是没有区别的。但是在抗弯强度方面，它们之间的差别就大多了。同样粗细的管子，弯曲一根实心管比弯曲一根空心管要容易得多。当一根管子受重弯曲的时候，上半部分被压缩而产生抗压缩的弹力，下半部分被拉伸而产生抗拉伸的弹力，这两个力试图让管子恢复原状。而管子的中心线附近既没有被压缩也没有被拉伸，距离中立线越近的地方，对管子弯曲进行反抗的力就越小。所以在制作自行车车架的时候，最好让材料尽量远离中立线，这样空心管的抗弯力能比实心管强一倍还多。

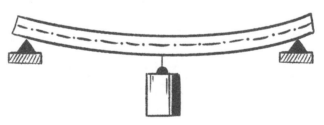

自行车车架的弯曲示意图

42. 如何包装易碎物品?

　　我们在拆易碎物品的包装时，通常会发现易碎品周围有一些泡沫、气囊、稻草等填充物，这些东西的作用是防止物品在运输过程中破碎。这是什么原理呢？一方面，通过放置这些填充物增大易碎物品之间互相接触的面积，这样就可以使作用力分布在较大的面积上，物品之间的压力就会减小很多。另一方面，箱子里的物品受到震动时，会发生运动，如果没有这些填充物，运动产生的能量就会消耗在物品的挤压碰撞上，导致物品破碎。放置填充物之后，力的作用距离变长，并且作用力减小到原来的几十分之一，物品就不容易碎了。

43. 拖拉机的前后车轮为什么不一样大？

　　日常生活中，我们看到的汽车、卡车、自行车等交通工具的前轮和后轮都是一样大的，只有拖拉机看起来非常奇怪，它的前轮比后轮要小一些，这是为什么呢？这是因为拖拉机的驱动轮是两个后轮，所以负担的重量比前轮大得多，整台机器的重心都落在拖拉机的后轮上面。拖拉机的主要工作场所是田间、野外，工作环境比较恶劣，土壤状况多是坑洼不平、土质松软、泥泞有水、阻力很大，拖拉机的工作性质主要就是拖拽，所以后轮只有非常宽大，才不至于前轮因为承受的重量过大而陷入松软的田地里。而拖拉机的前轮看起来比一般汽车轮子还小，是为了操作方便，使拖拉机手在转动方向盘时能克服轮子的阻力。

44. 小船顺流而下时，为什么船的速度比水流速度还快？

大家都认为，把小船放在河面上，它就会以水流的速度向下游流去。其实这种观点是错误的。小船的速度会比水流的速度快一些。而且，小船越重，速度就越快。一般水面都有一定的倾斜度，这样河水才会流动起来。所以小船是在这个倾斜面上向下加速滑动。而河水会跟河床有一定的摩擦，河水做的是匀速运动。小船在河里漂流的时候，总有某个时刻，它的加速度会超过河水的流速。然后，河水会对小船产生反向的制动作用，就像空气阻力会影响自由下落的物体一样。小船最后会得到一个速度，这个速度比水流的速度还要大，并且船速不会变得更快。

45. 火箭的飞行原理是什么？

你可能会认为，火箭之所以能够高速飞行，是因为燃料燃烧产生了大量气体，推开了空气，阻力变小了，实际上这种解释是不正确的。我们可以看一看发射炮弹时的情形，炮弹向前飞，炮身会受到后坐力。火箭就像一枚大炮，只是它射出来的不是炮弹，而是气体，这个气体会不会也给火箭一个力呢？物理学家牛顿提出了力的作用与反作用定律。这个定律指的是两物体间的作用力与反作用力，大小相等，方向相反，且作用在一条直线上。我们可以用这个定律来解释火箭飞行的原理。

46. 舵可以操纵大船的原理是什么？

在发动机的作用之下，船沿着一定的方向运动。在研究船体和水的相对运动时，我们通常把船看作固定不动的物体，而认为水流正在进行与船行进方向相反的移动。船在行进时，水会对舵施加压力。在这个压力的作用下，船会围绕自身的重心转动。船与水的相对速度越大，舵就会越灵敏。如果船与水的相对速度为零，这只舵就无法使船移动起来。

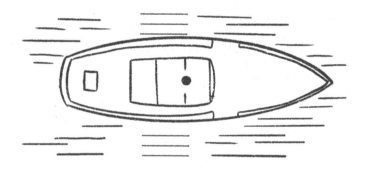

47. "切柳斯金"号为什么会沉没？

"切柳斯金"号是一艘苏联汽船，于1933年8月10日从摩尔曼斯克港出发，驶向符拉迪沃斯托克。1934年2月，轮船在航行时遇到一块巨大的浮冰，并被冰块裹挟着漂到了白令海峡，然后被冰块挤破了船体，海水涌进船舱，"切柳斯金"号被浮冰掩埋。在苦苦等待两个月之后，船上的全体成员才被飞行员解救。

为什么"切柳斯金"号会沉没呢？其实当温度接近0℃的时候，冰面的摩擦力会变得非常大，所以，海面上的冰与轮船的钢铁外壳之间的摩擦力非常大，摩擦系数可以达到0.2，比铁和铁之间的摩擦系数都大。冰块长期压在船舷上，没有滑动下去，最终把船舷压坏。我们由此得出一个很重要的结论：在建造轮船的时候，船舷要有足够的倾斜度，使冰块可以滑下去，经计算，这个倾斜度不能小于11°。

48. 如何拥有一根自动调节平衡的木棍？

把一根光滑的木棍放到两根食指上，注意保持两手的平衡，然后两根食指相向移动并始终保持手的水平状态。这时你会发现木棍会在两根手指上交替滑动，即使最后两根食指挨到一起，木棍仍然保持平衡。为什么会出现这个现象呢？

压力越大，产生的摩擦力就会越大，物体的大部分重量会作用在靠近物体重心的那根手指上。距离物体重心越近的手指，摩擦力也越大，这根手指滑动起来就困难一些。所以，当物体滑动时，每次都是远离重心的那根手指在移动，最后两根手指紧贴的那个地方正好是木棍的重心位置。

49. 旋转着的陀螺为什么不会倒？

　　陀螺在高速旋转时，它的圆周速度非常大，而我们用来改变陀螺方向的推力产生的速度却很小。想把陀螺推倒的力量会受到陀螺本身的"抵抗"，而且陀螺越大，它旋转的速度就越快，就越能抵抗住试图推倒它的力量。

　　这个原理与惯性定律密切相关。陀螺在高速旋转时，它的每一部分都在沿着一个圆周旋转，而这个圆周处在跟陀螺旋转轴相垂直的平面上。陀螺的每部分都沿着圆周的一条切线试图离开圆周，但是由于所有的切线与圆周本身都处在同一个平面上，所以陀螺的每一部分在运动的时候，都努力使自己停留在这个与旋转轴相垂直的平面上。

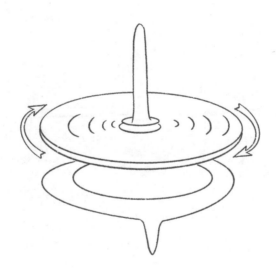

50. 人为什么能够沿着倾斜得很厉害的跑道跑步？

  如图所示，人站在倾斜平台上，这个平台的边沿不是平滑的，而是向上弯曲的。当平台静止不动的时候，人可能会站不稳，甚至会打滑或者摔倒。但如果这个平台进行旋转运动，情况就不一样了，人可以很平稳地站在旋转着的倾斜平台边上。因为在一定的旋转速度下，作用在人身上的两个力的合力所指的方向也是倾斜的。倾斜的合力与平台的倾斜边沿构成一个直角。所以对站在倾斜平台上的人来说，这个倾斜的边沿似乎就是平坦的，他反而会站稳。

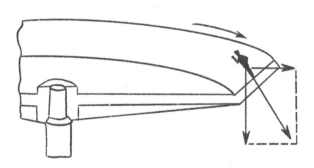

51. 为什么在赤道附近称东西比在两极附近称要 轻一些？

在很早之前，人们就知道在赤道附近称东西比在两极附近称要轻一些。从赤道地区把1千克的东西带到两极地区，大约会增重5克。

距离赤道越远，物体受到的重力越大。这是由于地球自转，位于赤道地区的物体绕的是大圈。因为地球赤道附近是凸出的，地球自转会导致物体重量减少，这就使得物体的重量在赤道附近时比在两极时要轻大约0.5%。如果把一个重量很小的物体从一个纬度拿到另一个纬度，它的重量变化是很小的。但如果换成一个庞大的物体，这个重量差别就会很大。假如地球自转的速度大大加快，物体的重量在赤道地区和两极地区的差别会更大。

52. 破冰船如何在冰上作业？

破冰船在海洋上工作时，会发动船上功率强大的机器，机器产生的动力能把破冰船的船头移到冰面上去。当船头出现在冰面上时，露在冰面部分的船身的重力没有被水的浮力抵消掉，破冰船依然保持着自身在陆地上时的重量，冰就是被这个极大的重量给压碎的。有时还要将船头的贮水舱里装满水作为"液体压舱物"来增强破冰的力量。如果遇到厚度超过半米的冰块，就要利用船的撞击作用来处理了。破冰船需要先往后退，然后用自身的全部重量猛撞冰块。这时候，破冰船就像变成了速度不大但质量很大的炮弹，利用它异常坚固的船身猛烈地撞击。

53. 隧道是如何挖掘的？

　　图中展示的是三种隧道的挖掘方法，哪条隧道是沿水平方向挖出来的？答案是中间那一条。如果工人严格沿着水平的方向来建造隧道，那么这么长的隧道肯定就是弧形。

　　所以通常大型的隧道都是这样建造的：沿着与地面相切的两条直线，向两端延伸。在前半段，隧道是微微向上隆起的，在后半段会向下倾斜一些。这样做有一个好处，就是水会自己流出洞口，不会在隧道里积聚。

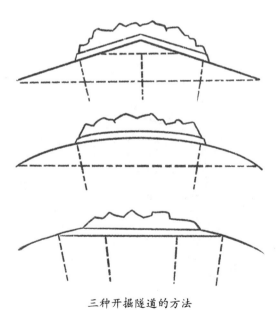

三种开掘隧道的方法

54. 如何称重倒放的杯子里的水？

你可能会说："倒放的杯子里的水不会有一点儿重量，因为倒放的水杯根本就装不住水。"可是如果水没有流掉，这些水有多重呢？

我们可以通过实验测量出水有多重。把一个底朝天的玻璃杯绑在天平的一侧托盘上，浸在一个有水的容器里。另一个同样的空玻璃杯放在天平另一侧的托盘上。在这种情况下，倒绑着玻璃杯的天平盘更重一些。因为整个大气压都作用在这个玻璃杯上，而这个玻璃杯所受的力是大气压力减去杯中所盛水的重力。如果想维持天平的平衡，就要把另一个托盘上的杯子也装满水，这样另一个托盘上的杯子里水的重量就是倒绑着的杯子里水的重量。

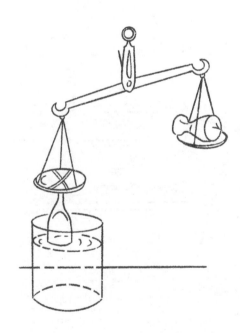

55. 在矿井中工作是什么感觉？

矿井的深度一般在800米以上，在矿井底部，空气的温度会升高很多，但由于空气的压力也会增强，所以与地面空气密度相比，矿井底部空气密度的变化并不大，可能只比夏天和冬天的空气密度大一点点。

不过还有个现象不能忽视，就是矿井内部的空气湿度。在这种深井里，空气湿度非常大，在高温条件下，这样的环境会令人感到无比闷热，就像在炎热的夏天，快要下雨时的感觉。

56. 有风的时候为什么会感到更寒冷？

同样是严寒，有风的时候比没有风的时候要寒冷得多。其中的一个原因是风速越大，每分钟与皮肤接触的新的冷空气就会越多，这样从脸部和全身散发出去的热量自然也就变多了。另外，我们的皮肤一直在蒸发水分，而蒸发会把附着在我们身上的那一层空气热量都带走。如果空气静止不动，蒸发就会非常缓慢；可如果空气不断地流动，不断地有新的空气贴到我们的皮肤上，那么我们的身体就会不断地进行蒸发，热量也就会不断被带走。

57. 扇扇子为什么会让人感到凉爽？

　　人们在挥动扇子的时候，会觉得非常凉爽，这是为什么呢？原来，与我们的脸部直接接触的空气在变热之后，会变成一层透明的"面膜"，罩在我们的脸上。这样，我们脸部的热量无法及时散开，就会开始"发热"。如果空气没有流动，这一层空气就只能在冷空气的重力作用下，慢慢地向外排出。当我们扇扇子的时候，能够加速空气的流动，就相当于赶走了罩在脸部的"热面膜"，我们的脸就能够不断地和冷空气接触，热量不停地被传导出去，就会感觉到凉爽了。

58. 为什么旅行家说风在沙漠里是"滚烫的呼吸"？

在热带气候作用下，沙漠里的空气比我们的人体还要热。在空气更热的地方刮风的时候，人肯定只会觉得更热，而不会感到凉爽。因为这时候不是人体把热量传导到空气中，而是空气把人体给加热了。所以，人体每分钟与热空气接触得越多，人就会觉得越热。不过，风会加强蒸发作用，但即便如此，热风带给人们的热量会更多一些。这也是生活在沙漠里的人要穿长袍、戴帽子的原因。

59. 水能够灭火的原理是什么？

当水接触到炽热的物体后，就会变成水蒸气，并且从物体上带走大量的热量。沸水变成水蒸气所需要的热量，大约是同质量的冷水加热到100℃时所需热量的5倍，而且沸水变成水蒸气后的体积是原来的好几百倍。燃烧的物体被水蒸气包围后，就与空气隔绝开了。没有了空气，燃烧自然就无法继续进行了。

60. 煤油灯上的玻璃罩有什么用途？

你肯定会说："玻璃罩是用来挡风的。"但这只是其中一个作用，玻璃罩最主要的作用是提高灯的亮度，加快燃烧过程。它的作用与炉子或者工厂烟囱的作用是一样的，即把空气引向火苗，增强通风。根据阿基米德原理，受热之后空气会变轻，那些没有被加热的更重的空气就会把这些空气排挤出去，促使其向上流动。如此一来，空气就在不断地从下向上运动，从而不断把燃烧生成的产物带走，然后把新鲜的空气带来。玻璃灯罩做得越高，热空气柱与冷空气柱在重量上的差距就会越大，新鲜空气就会越快地流入灯罩，燃烧也就进行得越快。

61. 森林着火时，消防员设置隔离带的原理是什么？

在现实生活中，你可能会发现遇到森林大火时，会有森林消防员砍出一条隔离带，防止火情蔓延。森林消防员为什么要这样做呢？原来，在消灭森林大火的过程中，设置隔离带的目的就是隔绝可燃物。这样即使火种具备了燃烧条件，没有可燃物，也就不会使大火蔓延。因此，消除可燃物是预防火灾的重要措施。但是，要将树林中的枯枝落叶及草塘和腐殖层全部处理干净，是不可能在短时间内办到的。此时可以借助林区道路、河流等形成的阻隔网，它们在防火、灭火中起到了不可替代的重要作用。

62. 用沸水能不能把水煮开？

找一个小瓶子并装上一些水，然后把它放在盛着干净水的锅里，不碰到锅底，把锅放到火上烧。似乎随着锅里的水开始沸腾，小瓶里的水也应当随之沸腾才对。可实际上，小瓶子里的水会很烫，但绝对不会沸腾，因为要将水烧开的话，不仅要把水加热到100℃，还需要足够的热量使水从液态变成气态。经过热传递，小瓶子里的水温最多能达到100℃。当瓶内外水温相同时，热量就不会再从锅里传到小瓶子里了。不过如果在锅里撒上一把盐，情况就不同了，因为盐水的沸点要略高于100℃，这样的话，小瓶子里的水就能烧开了。

63. 沸水的温度都一样吗？

沸水并不都是一样的温度，水的沸点和大气压有关。海拔每升高1千米，水的沸点就会相应降低3℃。空气压力降低，水受到的空气压力也会变小，所以水的沸点也会降低。当在山顶烧水时，由于山顶上空气稀薄、气压低，所以有可能沸水的温度比平地的低很多。与此相反，如果来到矿井深处，那里的气压比地面要高得多，就可以得到温度高于100℃的沸水了。在深度为300米的矿井里，水的沸点是101℃；当深度为600米的时候，水的沸点就变成了102℃。

64. 雪能把水烧开吗？

　　装上半瓶水，把小瓶子里的水加热使之沸腾之后，迅速用事先准备好的瓶盖盖上。接着把小瓶子倒过来，耐心等待。当小瓶子里的水停止沸腾时，再用沸水去浇小瓶子，我们发现小瓶子里的水不会沸腾。可是如果我们在瓶底放一把雪，或者用冷水去浇小瓶子，瓶子里的水又开始沸腾了。这是为什么呢？因为瓶壁被雪或冷水冷却了，小瓶子里的水蒸气迅速凝结成了水滴，释放出热量。瓶子里的空气在之前沸腾的时候被赶出去了，所以空气施加给瓶子里的水的压力就小很多。液体的沸点与大气压力有关。随着液体受到的压力减小，沸点也会随之降低，释放出的热量就使水就沸腾了。不过现在已经不是沸腾的开水了。

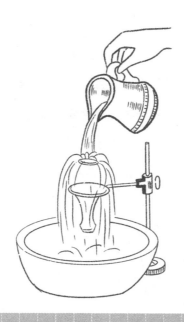

65. 什么是烫手的"热冰"？

通常，我们会认为，水在高于0℃的时候不会以固体状态存在。美国物理学家布里奇曼通过研究证明事实并非如此。如果是在压力极大的情况下，水可以在温度高于0℃的时候呈现固态，并维持这种状态。布里奇曼研究发现，冰的存在形式有好几种，其中一种是在20600个大气压下得到的，他称之为"第五种冰"。这种冰在76℃的高温时还能保持固体状态，但它需要保存在质量非常好的钢制厚壁容器中，而且要施加巨大的压力才能得到。与普通的冰相比，这种"热冰"的密度更大，甚至比水的密度还要大，所以把它放到水里的话，它会往下沉。

66. 煤也可以"制冷"吗？

0℃是水结冰的温度，被称为"冰点"，人们把煤放进锅炉里充分燃烧，会产生二氧化碳、二氧化硫、水、煤灰等物质。把其中的二氧化碳气体用碱性溶液吸收干净，再通过加热的方法，把二氧化碳气体从碱性溶液中分离出来，并把这些纯净的气体放到70个大气压下进行冷却和压缩，最终得到液态的二氧化碳。液态二氧化碳的温度很低，甚至可以冰冻土壤。

不过固体二氧化碳，也就是"干冰"的应用更广泛，干冰是将液态二氧化碳在高压的条件下迅速冷却制成的。无论在工业上，还是在日常生活中，干冰都得到了广泛应用。

67. 什么时候指南针的两端都指向北方？

一般情况下，我们会想当然地认为，指南针永远是一端指向北方、一端指向南方的。如果问你："指南针在地球上的什么地方时两端都指向北方？"你可能会说："地球上根本不存在这种地方。"但事实并非如此。地球的磁极与地理上的两极并不一致，地磁的S极在北极点附近，N极在南极点附近。将指南针放在地理的南极上时，它的一端肯定会指向附近的那个磁极，而另一端则指向相反的方向。可如果我们从南极出发，不管我们往哪个方向走，都是在往地理上的北方走，也就是说，在地理上的南极的指南针两端都是指向北方的。同样的道理，如果把指南针拿到地理的北极，它的两端就都指向南方了。

68. 为什么水流动起来就不会结冰？

我们都知道0℃是水开始结冰的温度，因此也被称为"冰点"。但并不是所有这个温度下的水都会结冰，流动起来的水就是其中一种情况，最典型的例子就是每年冬季黄河中上游都会发生的凌汛。

凌汛发生时，上游的冰雪已经融化，而下游尚未解冻，河堤中冰层不断堆积，给堤坝带来巨大的压力。结冰的过程需要水分子在凝结核周围有序地聚集，从凝结核开始慢慢向外扩散。在静水中，当温度达到冰点时，水就会在凝结核周围开始慢慢结晶成冰，再扩散到整个区域。当然，一般情况下水中都有凝结核，所以冬天河水结冰是一件很常见的事。但是如果水流动起来，水分子在凝结核周围的有序聚集就会被破坏，再加上流动的水分子之间会摩擦生热，如此一来，结冰就非常困难。

69. 下雨时打电话，会被雷电击中吗？

　　盛夏时节多雨，我们也从小就被反复叮嘱雨天时使用家用电器要千万注意，但随着智能手机的普及，越来越多的人开始手机不离手。有的人就会问："打雷时还能不能玩手机？这个时候打电话会不会被雷劈到？"

　　实际上，在有避雷针的建筑物里是有电磁屏蔽的，我们可以在室内使用无线电话或手机。而且我们日常使用的智能手机体积很小，对于电阻变化的影响也微乎其微，所以基本不会增加被雷击的概率。虽然雨天打电话被闪电击中的概率很小，但也尽量不要去尝试，尤其是在户外较高地点，手机发出的电磁波也有可能成为雷电的导体。

70. "开水不响，响水不开" 是什么原理？

我们在烧水过程中，随着时间的推移，会听到水发出不同的声音。通常在水快要沸腾时，会发出连续的"呜——"的尖锐声音；而水正在沸腾时，就会发出"咕噜咕噜"的声音。这就是人们常说的"开水不响，响水不开"。这是为什么呢？其实，在烧水的过程中，越靠近壶底的水加热得越快，而水的受热不均使水的密度变得不同，底部水温高，底部水的密度就会高于上部水温低的水的密度，壶底的气泡在上浮的过程中，气泡内的温度和压力都会降低，在水面爆裂，在水中产生剧烈震荡，这就是"响水不开"。当水沸腾时，壶里的水温基本相同，气泡就没有了爆裂现象，于是"开水不响"。

71. 人造卫星是如何发射的？

人造卫星一般是用运载火箭送上轨道的，运载火箭搭载着卫星在助推剂的作用下从地面点火发射进入发射轨道。运载火箭的发射过程一般分为三个阶段：加速飞行段、惯性飞行段和最后加速段。在发射后的几分钟内，依次完成第一级火箭发动机关机分离、抛掉整流罩和第二级火箭发动机关机分离，至此加速飞行段结束。这时运载火箭已经飞出稠密的大气层并获得很大的动能。接着在地球引力作用下进入惯性飞行段，飞行到与卫星预定轨道相切的位置后，第三级火箭发动机便开始点火加速，开启最后加速段飞行。当加速到大于第一宇宙速度（7.9千米/秒）时，卫星就可以从运载器中弹出，进入预定的卫星运行轨道。

72. 隐形飞机是如何做到让雷达看不见的？

一说到隐形，我们都会觉得是肉眼看不到的东西，但是隐形飞机的"隐形"却不是这个意思。隐形飞机是一种用隐形技术设计成的军用飞机。我们的肉眼都可以看到它，它的隐形指的是对雷达隐形或者对红外线探测器等探测设备隐形。它是怎么做到的呢？

我们知道雷达会发出电磁波，系统通过电磁波遇到障碍之后反射回来的时间得出目标的位置信息。所以隐形飞机为了能够"隐形"，在表面上先涂抹一层一种可以吸收大量电磁波的非金属材料，然后涂上金属氧化物。这样就能让飞机吸收电磁波或者让电磁波直接穿透过去。另外，隐形飞机也被设计成不会产生强大回波的外形，这样雷达就完全探测不到它了。

73. 自行车尾灯包含什么物理学原理？

自行车的尾灯是自行车不可或缺的一部分，那么这一个小小的尾灯有什么作用呢？如果仔细观察一个尾灯，我们会发现它是由很多蜂窝状的"小室"构成的，并且每一个"小室"都是由三个约成90度的反射面组成的。白天的时候，红色的尾灯十分醒目，可以让后面的司机看到；到了晚上，无论哪一个方向的光射到自行车尾灯上时，反射光线都会和入射光线平行着反射回来。所以在晚上，后面的汽车灯光照在尾灯上时会特别耀眼，后面汽车的司机就能注意到前方的自行车，从而避免发生交通事故。

74. 日光灯为什么会不停地闪烁？

　　也许你在晚上看到过这样的现象，关掉使用了一段时间的日光灯，会看到日光灯仍然保持白色，而且白色的灯泡还在不停地闪烁，这是为什么呢？

　　当开关接通的时候，电源电压立即通过镇流器和灯丝加到灯泡两极，使得灯泡里的惰性气体电离放电。灯丝很快被电流加热发射出大量电子，这时灯泡就会持续发光。灯泡断电的瞬间，其实开关为了正常工作没有完全关闭，灯丝仍然会发射出大量电子，在灯泡高电压作用下，这些电子以极大的速度由低电势端向高电势端运动形成电流，惰性气体被电离生热，使灯泡中的水银产生蒸气并发出强紫外线，激发灯泡中的荧光物质发光。

75. 因纽特人的冰屋为什么可以防寒保暖?

我们都在照片里见过因纽特人的冰屋,在寒冷的北极地区,因纽特人反而住在寒冷的冰屋子里,这是为什么呢?其实,冰屋建造得很结实,并且是密不透风的,能把北极的寒风挡在屋外。住在冰屋里的人,可以免受寒风的袭击。另外,冰的导热性很差,能够很好地隔热,所以屋里的热量可以保留下来而不被传导出去。北极地区的温度很低,1月的平均温度低于零下20℃,而冰屋内可以保持零下几摄氏度到十几摄氏度的温度,这样比较起来,冰屋里要暖和多了。

76. 太阳镜为什么能保护眼睛？

盛夏时候，人们出门常常会戴上太阳镜来保护眼睛。太阳镜能阻挡刺眼的强光，避免强烈的紫外线刺伤眼睛。为什么太阳镜有这个作用呢？太阳镜中有一层很薄的分子"膜"，是一种由金属粉末构成的过滤装置，借助很细的铁、铜、镍等金属粉末对射入的不同波长的光线进行选择。当光线照到太阳镜上时，一些特定波长的光线穿过镜片，被镜片消减。

77. 磁悬浮列车是如何工作的？

要想物体悬浮并保持固定不动，我们可以利用磁铁制造"悬浮"现象。物体利用的是磁铁与物体间的排斥力，而不是吸引力。大家都知道，磁铁是同极相斥的。如果我们有两块已经磁化的铁，将它们同极放在一块、上下重叠时，它们肯定会相互排斥。如果上部的磁铁重量适中，就不会碰到下部的磁铁，而是悬在上空，保持一种平衡状态。另外，如果我们将一些不能磁化的材料做成支柱的话，上面那块磁铁就可以做水平运动了。磁悬浮列车就是运用了这个工作原理。

78. 如何拍出5个人像的照片？

　　有一种拍摄方法可以使一张照片上呈现一个人的5种影像。与普通照片相比，这种照片的一个优势就是可以把照片中的人物特征更全面地展现出来。这种照片是怎么拍出来的呢？

　　其实是利用镜子拍出来的。让被拍摄的人背对着相机面朝两面竖直的平面镜坐着。平面镜之间所成的角度是360度的1/5，这两面镜子能够反射出4个人像。于是，相机就能得到4个人像。再加上真实的人像，相机就拍摄到了5个人像。镜子间角度的大小决定了成像数量的多少，角度越小，成像数量越多。不过，需要注意的是，成像越多，效果越差。所以，摄影师一般最多只拍摄5个人像的照片。

79. 我们能像鱼一样在水下看清东西吗？

如果在水下，我们能看清东西吗？答案是不能。这是因为，水的折射率约为1.34，而人眼的各种透明物质的折射率分别是：角膜和玻璃体的折射率约为1.34，晶状体的折射率约为1.43，水状液的折射率约为1.34。其中，只有晶状体的折射率比水大0.09，其他部位和水的折射率基本相同。所以，在水下的时候，光线只能在人的视网膜后很远的地方形成焦点。也就是说，视网膜上的成像会非常模糊，人眼很难看清楚。

而鱼眼的晶状体是球形的，鱼可以在水下看清东西。

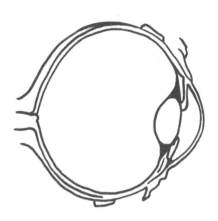

80. 为什么戴上潜水镜就可以看清水下的东西？

　　既然在水里的时候，我们的眼睛几乎不折射光线，为什么潜水员在穿戴好潜水装备之后就能看见了呢？他们戴的面具也不是凸玻璃，只是普通的玻璃而已。这个问题不难回答。在没有戴潜水面具的时候，眼睛是与水直接接触的。戴上潜水面具之后，在眼睛和水之间间隔了一层玻璃和空气。这样，情况就变了，即光线透过玻璃进入空气，然后才进入眼睛。依据光学原理，光线从水里以任何一个角度射到一块平面玻璃上，都不会改变方向。但是光线从空气进入眼睛的时候会发生折射，眼睛就能和在陆地上一样看到东西了。

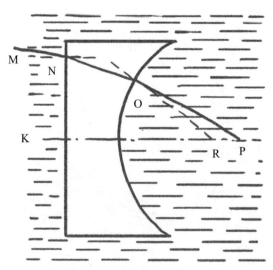

潜水员使用的是空心平面透镜。光线MN投射
到镜面，沿着MNOP方向前进

81. 为什么放大镜在水中会失去作用？

不知道大家是否试过把一个放大镜（双凸透镜）放到水里，透过它去看水里的东西。你会发现在水里，放大镜几乎发挥不了任何作用。同样地，把缩小镜（双凹透镜）放到水里，透过它也无法看到缩小的物体。这是因为玻璃的折射率比周围空气的折射率要大，所以放大镜在空气中才能放大物体。而玻璃和水的折射率差不多，把玻璃透镜放到水里，光线从水进入玻璃时，就不会有很大偏折，因此放大镜和缩小镜在水里不能发挥作用。

82. 穿什么样式的衣服最显瘦？

我们都知道，如果矮胖的人穿横条纹西装会显得更胖。相反，如果穿竖条纹和带褶皱的衣服，就会显瘦。该怎么解释这一现象呢？这是因为，我们在看衣服的时候，必须移动视线才能看完整。我们的眼睛会不自觉地沿着横条纹游走，工作的眼部肌肉会不自觉地在横条纹的方向把物体放大。而我们在看竖条纹图案时，视线可以不用移动，眼部肌肉也就不必工作了。这就是我们所讲的视觉欺骗。

83. 显微镜为什么能够放大物体？

显微镜放大的本质并不是放大物体，而是让放大了的物体在视网膜上成像，让我们的眼睛接收到更多单独的视觉印象。显微镜放大物体的根本原因在于它的镜筒两端各有一组凸透镜，距离物体近的透镜叫物镜，距离眼睛近的透镜叫目镜。来自被观察物体的光线经过物镜后成一个实像，这个实像作为目镜的目标再次放大为一个虚像。物体经过两次放大，就能被肉眼看清了。

借助显微镜能看到更多细小的物体。众所周知，显微镜能看到的微粒和细小血管数不胜数，正是显微镜的功劳，让我们进入了一个肉眼完全无法观察的世界！

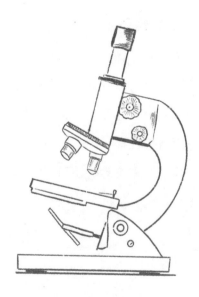

84. 为什么奔驰着的火车或汽车的轮子看起来转得很慢？

　　透过栅栏的缝隙看高速前进的汽车，却发现轮子转得很慢或者根本没动，有时甚至还会朝相反的方向转动。这是为什么呢？实际上，视线会受到栅栏的隔断，所以在我们眼中，车轮在运动的时候，轮辐并不是连续的，而是隔一段才出现。假设时间间隔和车速不变，当视线被挡住时，会出现三种情况：如果车轮的转数是整数，那么在下一个时间间隔里，车轮的辐条位置依然相同，所以我们会觉得车轮根本没动。如果在每个时间段，车轮转数比整圈小半圈，那么我们会忽略车轮转的整数圈，只看到转的那小半圈，觉得车轮转得很慢。如果车轮在很短的时间内没有转一整圈，这时我们就认为轮辐是在往相反的方向转，直到车轮的旋转速度改变，这种感觉才会消失。

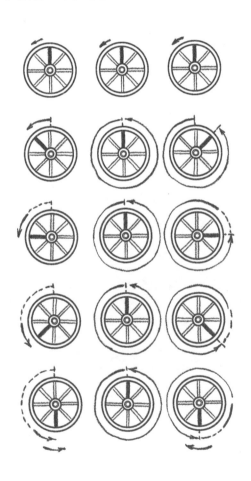

85. 车轮的上端似乎比下端旋转得更快，是真的吗？

　　车轮的上端确实比车轮的下端移动得更快些。在旋转着的物体上，每个点的运动都是由两部分叠加而成的，车轮也是一样，一个是绕车轴旋转的运动，一个是与车轴一起向前的运动。两个运动叠加到一起，得到的结论就是，车轮的上端和下端运动的速度是不同的。对于车轮的上端来说，由于车轮自身的旋转方向跟车轴前进的方向是相同的，所以两个方向的速度要相加。但是对于车轮的下端来说，两个方向是相反的，两个方向的速度要相减，因此速度也就慢了下来。在旁边处于静止状态的我们看来，车轮上端移动的速度就会比下端快。

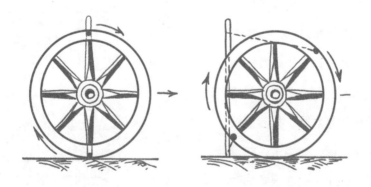

86. 坐在椅子上，上身不得前倾，两只脚的位置也不准移动，可以站起来吗？

坐在椅子上，上身不得前倾，不管你用多大的气力，只要你两只脚的位置不移动，你根本不可能站起来。这是怎么回事呢？一个物体要想保持平衡不倒下，必须满足一个条件：从这个物体的重心向下引垂线，垂线必须不能越出物体的底面。一般来说，一个人坐下后的重心位置在靠近脊椎骨的地方。那么，当我们从重心向下引垂线的时候，这条垂线肯定穿过座椅，落到两脚后方。要想站起来，必须保证垂线不能越出两脚之间的范围，所以这时是站不起来的。要想站起来，我们经常的做法有两种，一种是身体前倾，一种是两脚后移。前一种的目的就是把重心前移，后一种则是为了使从身体重心引出的垂线能够落到两脚之间的范围内。

87. 如何才能得到准确的体重？

如果在称体重时你弯了一下腰，会发现就在弯腰的一瞬间，体重秤上显示的读数会比你的实际体重低。这是因为上身的肌肉在向下弯曲的同时，下身向上移动，这就使得落在体重秤上的压力减小。反过来，如果突然把弯曲的上身伸直，肌肉又会作用于下身，从而对体重秤产生压力，使得体重秤显示的读数比实际体重大。如果体重秤特别灵敏，哪怕你只是举了一下手，体重秤所受的压力也会跟着增加；反过来，如果把手迅速放下来，体重秤读数会偏小，但等你的手完全放下后，读数又会增大一些。

88. 为什么坐电梯会有失重的感觉？

坐过电梯的人都有过这样的体验，就是电梯在下落的时候，我们会突然有一种恐惧感，好像自己马上就要坠入万丈深渊，身体也变得轻了许多。实际上，这就是失重的感觉。电梯在开动的一瞬间，电梯的地板会突然下落，而乘坐电梯的你，根本没有办法马上产生与电梯同样的速度，这就使得你的重量压不到电梯地板上，所以体重就会变小很多。但是，下一个瞬间，由于你是自由落体运动，电梯是匀速下落的，所以你很快就会压到地板上，对地板的压力恢复正常，你的体重也"失而复得"，刚才的恐惧感也跟着消失了。

89. 物体在什么地方会更重一些？

　　地球上的每个物体都受到地心引力的作用。根据万有引力定律，计算地球和物体之间的万有引力，它与物体到地心距离的平方成反比。那么，是不是物体离地心越近，它受到的引力就会越大；在地下越深，它的重量就越重呢？恰恰相反，物体在地下越深，它的重量不是变大，而是变小。在地面以下的砝码，受到两个力的作用，一个是砝码下部的地球引力，一个是砝码上部的引力。需要注意的是，对于地面以下的物体而言，真正作用在它身上的引力，只有物体下面的球体，这个球体的半径就是这个物体和地心之间的距离。所以，物体离地心越近，它的重量会迅速减小。因此，可以说物体在地面上的重量是最大的，在高空或深入地下，它的重量都会小得多。

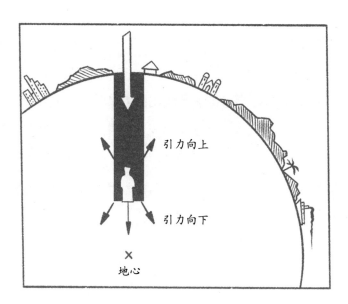

引力向上

引力向下

×
地心

90. 为什么磨尖的物体更容易刺入物体？

我们都知道，用缝衣针可以很容易穿透绒布或纸板。假设现在让你使用一样大的力气，用一只钝头的钉子穿绒布或纸板，你能将钉子头穿过去吗？显然不那么容易，这是为什么呢？其实，虽然你用的力气一样大，但是它所产生的压强（压力强度）却不同。同样的力量，作用在不同的面积上，产生的压力强度大小是不一样的。尖锐的东西之所以更容易刺进物体，是因为作用力集中到很小的面积上。在你用针刺的时候，所有的力气都集中于针尖这个点上，针尖的面积比钉子头小得多，所以产生的压强自然就大得多。

91. 子弹在飞行的时候，受到的空气阻力有多大？

我们都知道，子弹在飞行的时候会受到空气的阻力，但是你大概没有想过，这个阻力到底有多大。很多人可能都会这样想，空气那么轻薄，平常我们都察觉不到，对子弹的阻力没有多大。其实，空气对子弹的阻力极大。子弹刚一射出的时候，如果没有空气阻力，假设速度大约是620米/秒，发射仰角是45度，子弹飞行的高度是10千米，飞行的直线距离是40千米。但是，如果有空气阻力，它的飞行轨迹只有4千米。

92. 坐在光滑的椅子上比坐在粗糙的椅子上更舒服，这是为什么？

其实，这和压强有关。粗糙的椅子表面凹凸不平，当坐到上面的时候，它与身体的接触面只有很少一部分，身体的重量集中压在很小的面积上；而光滑的椅子的表面是平的，与身体的接触面大得多，身体的重量没有变，但是分散到比较大的面积上，所以压强就小多了。只要我们的体重平均分配到比较大的面积上，我们就不会感到不舒服，哪怕这个地方非常硬。假如有一片松软的泥土，你先躺到上面，印出身体的形状。待这片泥土干得跟石头一样硬后，你再躺下去，保持前一次躺下的姿势，你同样会感到很舒适，就像躺在鸭绒床垫上一样，根本感觉不到硬。

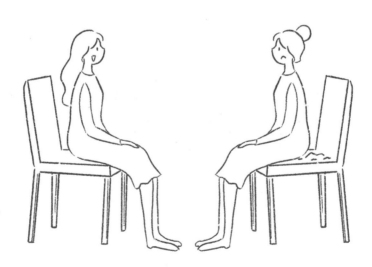

93. 纸风筝为什么能够飞起来？

　　纸风筝飞起来的原理和飞机在天上飞、槭树的种子飘到很远的地方、原始人用的飞旋标随风转动是一样的，都是充分利用了空气阻力的性质。空气能给纸风筝、飞机和槭树的种子等物体带来空气阻力，使它们在空中慢慢飘浮或飞行。当我们牵着风筝跑的时候，风筝便向前移动，由于纸风筝也是有重量的，所以一开始，它是倾斜着飞的。这时，风筝同时受到好几个力的作用。空气给的阻力始终跟风筝的截面是垂直的，它可以分解为向后和向上的两个力，向后的力会把风筝往后推，使风筝的速度降低；而向上的力会把风筝向上拉，用来抵消风筝的重量。如果向上拉的力足够大，就会使风筝飞向高空。这就是风筝飞起来的基本原理。

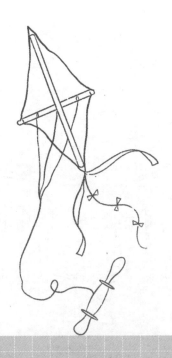

94. 为什么跳伞运动员在10千米的高空可以不打开降落伞往下跳？

跳伞运动员在10千米的高空往往不会打开降落伞，他们在下落到几百米的高度才会打开降落伞，慢慢落下。你可能觉得这太危险了，因为运动员的速度会不断增大而使得打开降落伞之后不容易减速。实际上不是这样的。空气阻力会影响下落的速度，如果运动员一开始不打开降落伞下降，在最初的十几秒，运动员下落的速度确实在增加，但是随着速度的增加，空气的阻力也会变大，而且增加得很快，在很短的时间里，速度就不会再增加。所以，这之后即便没有打开降落伞，运动员的速度也不会增加，而是维持着这个速度下落，这样再打开降落伞，仍然可以安全降落到地面。

95. 为什么放一个银勺子就不会把玻璃杯烫坏？

如果往杯子里倒入热水，玻璃杯就会比较容易炸裂。但如果我们事先在杯子里放入一个勺子，就不会把玻璃杯烫坏。金属制品的导热性比玻璃好得多，在往杯子里倒热水的时候，热水的温度会迅速传到勺子上，也就是说，因为热量传导到勺子上，让水的温度降低了一些。因此，玻璃杯就不会迅速受热，它的外壁就不会受到挤压，杯子也就不容易烫坏。而且，勺子越大，杯子越不容易烫坏。那么，我们为什么要强调是银勺子呢？银勺子就会更好一些吗？确实是这样的，银是非常好的热导体，比不锈钢的导热性强得多，所以传导热量更快。

96. 怎样分辨熟鸡蛋和生鸡蛋？

给你一个鸡蛋，在不打开的情况下，怎样分辨是熟鸡蛋还是生鸡蛋呢？其实，方法很简单，熟鸡蛋和生鸡蛋旋转的情形不一样。我们把要分辨的鸡蛋放到平盘上，然后使其旋转，如果是熟鸡蛋，那么它旋转的速度就会很快，而且旋转的时间也比较长；相反，如果是生鸡蛋，就很难让它旋转起来。为什么会这样呢？这是因为，熟透的鸡蛋是实心的，原来呈现液态的蛋黄和蛋白已经凝固，它旋转起来就会非常稳定。而生鸡蛋则不然，当旋转的时候，由于惯性，里面的蛋黄和蛋白总是会比蛋壳运动得慢一步，起到的作用就像"刹车"一样，生鸡蛋就没办法保持稳定旋转。

97. 为什么坐在公园的"疯狂魔盘"上会有被甩出去的感觉？

很多公园都有"疯狂魔盘"这样的装置，如果你玩过，肯定有切身的感受。一开始，圆盘转动的速度比较慢，后面就会越转越快。你可以坐或站在圆盘上，随着圆盘的转动，你就会渐渐向圆盘的边上滑动。刚开始因为速度不快，所以感受可能不是很明显，但随着速度的增加，你离圆盘的中心越来越远，感受就会越来越明显，特别是滑到圆盘边缘的时候，你会感觉自己就要被甩出去了。这是为什么呢？很多人认为这是离心力在起作用，其实不是，"疯狂魔盘"是利用惯性的原理制造的，因为你被甩出来的时候，不是沿着半径的方向，而是沿着切线的方向，你其实一直随着惯性向圆盘的边缘滑动。

98. 粗细相同但高矮不同的咖啡壶，哪一把盛的液体多？

我相信，任何人乍一看到这一问题，肯定会不假思索地说，它们粗细一样，高的那个肯定盛得多。其实，你忽略了一个细节，那就是壶嘴的高度问题。如果两把咖啡壶的壶嘴一样高，那么就是高一点儿的壶盛的液体多；但是如果壶嘴一个高、一个低，那一定是壶嘴高的那把盛得多。这是因为在同一个水平面上，不管你往哪一把咖啡壶里倒液体，只能把液体倒到壶嘴的高度，再多了就会从壶嘴里溢出来。换句话说，如果壶嘴的高度比壶顶低，你无论如何都不可能把咖啡壶装满。所以，我们经常见到的各种水壶，壶嘴都比壶顶做得高一些，就是为了不让液体轻易流出来。

99. 没有底儿的高脚杯是怎么回事？

在一个杯子中装满水，注意一定要装得满满的，一直装到杯子的边缘，再往杯子中投放一些大头针，会发生什么情形呢？要注意的是，放大头针的时候一定要小心再小心，防止把杯子中的水溅出来，并且注意数一下放进去针的数量。我们会惊讶地发现，随着一枚枚大头针放进水里，杯子里的水并没有一滴溢出来。仔细观察，水面的高度只是比原来的水面略高了一点点。其实，秘密就在水面高出来的这一部分，被大头针排出的水在杯子上形成一个凸面。如果我们可以算出每一枚大头针的体积，就可以算出被排出的水的体积。这个实验中杯子上形成的凸面的体积，大概就是几百枚大头针的体积，所以杯子装满水后还可以容纳下几百枚大头针，看起来像没有底儿一样。

100. 我们是怎么喝水的？

我们每天都需要喝水，那么为什么水会流到嘴里呢？其实我们在喝水的时候，胸腔会变大，这样就把嘴里的空气抽出去了，口腔里的压力变小，而外面的空气压力要大一些，就会把水压到空气压力比较小的嘴里。

如果把矿泉水瓶的瓶口整个含在嘴里，不管你用多大的力，都不可能把水吸出来。这是因为，嘴里的气压和瓶子里的空气压力完全相等。

101. 为什么往杯子里倒热水的时候，会把杯子炸裂？

这是因为，玻璃在受热的时候，各部分膨胀的时间不一样，或者说，杯子里外不是同时膨胀的。往杯子里面倒热水的时候，杯子的内壁瞬间被烫热了，但是由于热传导有一个过程，杯子的外面还是凉的。内壁受热之后就会膨胀，而外壁还比较凉，还没来得及膨胀，所以内壁就会挤压外壁，把外壁撑破。

一般来说，跟薄的玻璃杯比起来，厚玻璃杯更容易破。因为，厚玻璃杯在倒入热水时，内壁迅速受热膨胀，热量传到外壁的时间要长一些，所以更不容易让外壁跟着一起膨胀。而薄的杯子就不一样了，热能迅速传到外壁，使外壁也能迅速膨胀，所以薄玻璃杯反而不容易炸裂。

102. 皮袄能够温暖我们吗？

在寒冷的冬天，为了保暖，我们经常会穿一件皮袄。那么，皮袄到底有没有给我们温暖呢？找一个温度计，记下它的读数，然后把这个温度计放到皮袄里并把皮袄裹起来。过几个小时把温度计拿出来，我们会发现，温度计上的读数并没有升高。这个实验证实了皮袄不能给我们温暖。

我们感受到的温暖来自电灯、火炉和身体本身，这些东西才是热源。皮袄的作用是阻止我们身体上的热量向外传递。我们本身是一个热源，穿上皮袄就能把热量保存在体内，从而感到温暖。有时候，我们还把皮袄的这一特性利用在保存冰块上，它可以让冰块一直保持低温，皮袄在这里的作用是阻止外面的热空气跑到里面的冰块上。

103. 在开水中不会融化的冰块是什么原理？

把一块冰放到一只装满水的试管里。我们知道，冰块比水轻，所以会浮到水的上面。这时，我们可以用一个比水重的东西，把冰块压到试管的底部。然后我们把试管的上端放到酒精灯上烧，一直烧到水沸腾起来并冒出气泡和蒸汽。这时，再观察冰块，我们会惊奇地发现，冰块并没有融化，这是为什么呢？原来这是因为试管底部的水并没有沸腾，甚至还是凉的。冰块不是在沸水里，而是在沸水的底部。水在受热的时候会变轻，所以沸腾的水会向上流动，并不会流到冰块所在的试管底部。试管上端受热的时候，下面的水只能靠水的导热作用受热，而水的导热很慢。这也是我们在用热水壶烧水的时候，在热水壶下面加热的原因。

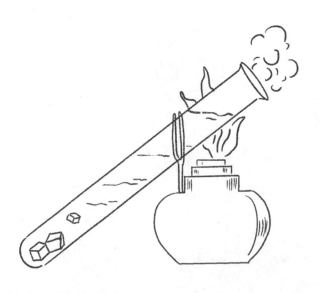

104. 平滑的冰面比凹凸不平的冰面更容易滑倒吗？

实际上，凹凸不平的冰面要比平滑的冰面更光滑。这是因为，当冰面上的压强增大的时候，就会降低冰的熔点。理论上讲，每升高130个大气压，冰的熔点就会降低1℃。如果冰融化时和水混合在一起，同样的压强下熔点会降低得更多。我们在凹凸不平的冰面上走路的时候，由于冰面不平，脚与冰面的接触面积可能只有几个凸起的点，而在平滑的冰面上走却可以和冰面完全接触。凹凸不平的冰面比平滑的冰面所受的压强大得多。在压力相等的情况下，接触面积越小，压强越大。所以，我们的身体在凹凸不平的冰面上的压强非常大。在这么大的压强下，冰就融化得更快，冰面也就会更滑。

105. 如何消除剧院大厅里的交混回响？

为了达到更好的聆听效果，剧院工作人员常常会想办法把回声干扰消除，也就是消除交混回响。建筑师是通过建造出一些能够吸收多余声音的墙壁来消除这些交混回响的。有一个非常好的消除这些声音的办法，就是把窗户打开。在建筑学上，有人甚至把1平方米的窗户作为计量声音消除能力的单位。不仅窗户可以消除声音，坐在剧院里面的人也可以。反过来，如果声音被吸收得太厉害，也会让我们听不清，而且还可能影响交混回响的消除。所以，我们需要消除交混回响，但也要避免吸收得太多。

106. 为什么把窗子关上了，还是有风吹进来？

我们经常会疑惑，即使屋子里的窗户都关上了，而且关得很严，也还是会觉得有风吹进来。实际上，不管是什么样的房间，只要有空气，就会形成我们看不见的空气流。这是因为房间的温度并不是恒定不变的，总会上下波动，这时房间里的空气流就会受热或冷却。受热的时候，空气就会变得稀薄，并且变得轻一些；受冷的时候，空气就会变得比较重。房间里的空气变热，就会形成热气流，热气流受到冷气流的挤压就会上升到天花板，而靠近窗户或墙壁的冷空气就会向下流动。所以，即使房间的窗户都关着，外面的风也没有吹进来，我们仍然能感受到有风吹进来，特别是在脚旁边，感受更明显。

第二章
自然界中的物理

01. 眼睛是如何成像的?

　　动物或人的每只眼睛内有一个瞳孔，是光线进入眼睛的通道。由于光是沿直线传播的，从物体上射出的光线到达瞳孔处，然后继续沿直线前进。在瞳孔的后面，是透明的晶状体，从晶状体到视网膜之间的整个区域，都是用来成像的。人的眼球好像一架照相机，晶状体相当于一个凸透镜，视网膜相当于光屏，外界物体在视网膜上成倒立、缩小的实像。我们在使用眼睛的时候，习惯把看到的物体转化成自然状态，所以虽然成像的结果是颠倒的，但是我们所看到的物体是正立的。

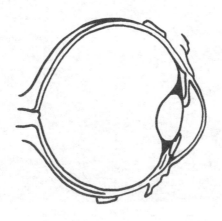

02. 河马为什么很笨重？

我们在动物园看到的河马总是一副很笨重的样子，它和旅鼠的外形基本相似，为什么河马不能像旅鼠一样灵活呢？

这是因为对于几何形状相似但尺寸不同的生物来说，它们的行动能力总是不同的。这和肌肉做功的能力有关，如果河马想和旅鼠一样灵敏，它的肌肉体积就必须等于现在的27倍，同时为了支持更粗的肌肉，骨头也要相应地加粗。另外，通过对多种动物的研究，我们发现身躯越庞大的生物，它的骨骼所占的体重比重也越大。

旅鼠的骨骼

河马的骨骼

03. 陆生动物的身体结构有什么特点？

陆生动物的身体结构有很多特点，它们都可以从力学的基础定律中找到解释。这条定律是：动物四肢的工作能力与身长的三次方成正比；用来控制它们四肢所消耗的功与身长的四次方成正比。所以，动物的身躯越大，它们的脚、翼、触角等肢体就会越短。在所有的陆生动物中，身躯越小的动物，四肢越长。不过，如果它们的身躯达到一定的尺寸（比如狐狸），它们的体形就不再相似了。这是因为，它们的脚会支撑不住身体的重量，这会使得它们的行动非常不便。在各种动物的发育过程中，也时刻体现着这条定律的作用。从比例上来说，成年动物的四肢总是比它出生的时候短一些，也就是说，动物身体的发育超过了四肢的发育。

04. 人和跳蚤哪个跳跃能力强？

一只身长只有几毫米的跳蚤，跳起来的高度可以达到40厘米，比它的身长的100倍还多。很多人都觉得这件事不可思议，并惊叹于跳蚤的跳跃能力。人类为什么不能做到这一点呢？从跳跃能力上来说，只要人能够使自己的重心升高到和跳蚤跳起的高度相等的距离，也就是40厘米，就可以与它媲美了。跳蚤跳起40厘米的时候，对于它来说，它提升起来的重力是微不足道的，而我们在跳起这么高的时候，提升起来的重力是它的300^3倍，也就是27000000倍。这样再进行比较的话，就可以说，人比跳蚤厉害多了。

05. 巨型生物为什么会灭绝？

　　我们知道，动物的大小都是有极限的，要想增加动物的绝对力量，它们的身躯要足够大。但是这样又会降低动物身体的灵活性，或者使它们的肌肉和骨骼的比例不对称。这两种情况都可能会使动物丧失寻找食物的本能。同时，由于身躯庞大，它们需要的食物也会增多，但摄取食物的能力降低会使它们走向灭亡。所以现在存活在世界上的巨型生物已经非常稀少了。

06. 大鸟与小鸟，哪个更能飞？

　　如果想准确地比较各种动物的飞行能力，我们需要注意一点：翅膀拍打是为了克服空气的阻力。如果翅膀的运动速度相等，那么克服空气阻力的能力就只跟翅膀的面积大小有关。对于不同尺寸的动物来说，翅膀的面积与它的身长的二次方成比例关系，翅膀所能支撑起的动物的体重与它的身长的三次方成比例关系。所以，随着动物尺寸的增大，它翅膀上每平方厘米面积的负载也会成比例增加。因此，鸟类的身体有一个极限值，一旦超过这个极限，它们的翅膀就无法维持自身的体重，也就渐渐失去了飞翔的能力。

　　下图是灭绝的鸟类世界中的"巨人"，它们分别是一人高的食火鸡，2.5米高的鸵鸟，以及身长更长的、曾经出现在马达加斯加的5米长的隆鸟。它们都失去了飞行能力，这也使得它们的身体变得越来越大。

食火鸡　　　　鸵鸟　　　　　隆鸟

07. 什么动物从高处落下时不会受伤？

昆虫从高处落下来时，身体不会受到任何损伤。这是为什么呢？这是因为体积比较小的物体从高处下落，在碰到障碍时，整个身体就可以马上停止运动，这样身体的一部分就不会压到另一部分。然而如果体形巨大的物体从高处落下时，碰到障碍物，接触到障碍物的那部分马上停止运动，而身体的其他部分由于惯性仍会继续运动，这就会使身体的某一部分受到强烈的压力，从而造成损伤。

08. 人体的耐热能力有多强？

人体的耐热能力要比我们想象的强得多。曾经有人亲身试验测出了人体所能承受的最高温度。有实验表明，在干燥的空气中，人体周围的气温如果是慢慢升高的，那么人甚至能承受100℃沸水的温度。英国的物理学家布拉格顿和钦特利就曾经为了做这个实验，在面包房烧热的炉子里待了几个小时。其实我们的机体并没有吸收这样的高温，而是始终接近正常体温。人的机体是利用出汗的方法来抵抗高温的。汗水在蒸发的时候，会从贴近皮肤的那层空气中带走大量的热量，这层空气的温度就会大大降低。

09. 乌贼是如何运动的？

你可以抓住自己的头发，把自己提起来吗？其实自然界中很多动物都具备这样的能力，乌贼就是这样运动的。乌贼的身体侧面有很多孔，前面还有一个形状奇特的漏斗，它通过身体侧面的孔和前面的漏斗把水吸进腮腔内，然后又通过漏斗把水排出体外。这样，它的身体就得到了从后面推动的力量，从而快速向前移动。乌贼还能在排水时将漏斗指向不同的方向，以此得到不同方向的反作用力。于是，它就可以向任意一个方向运动了。

乌贼在游水

10. 蚂蚁是如何搬运奶酪的？

我们经常听到夸奖蚂蚁齐心协力的话，但是如果你仔细观察正在工作的蚂蚁，就会发现：实际上，蚂蚁之间并没有什么合作，它们都是自顾自地在埋头苦干。有位动物学家对蚂蚁的工作方式进行了详细研究。如果一群蚂蚁在一条没有阻碍的路上一起拉一个物品，这些蚂蚁都在向同一个方向用力。但当它们在路上遇到障碍的时候，每只蚂蚁都是自顾自地做事，每只蚂蚁都自己决定是推还是拉，方向更是东南西北都有，毫无规律。蚂蚁之所以能够搬动奶酪，是因为蚂蚁们在不同方向上的力的合力使奶酪运动起来。

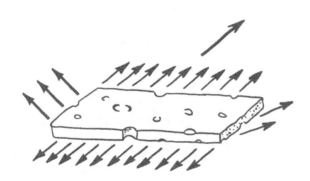

11. 为什么说蛋壳是自然界中的"坚固盔甲"？

在果戈理的小说《死魂灵》中，有一个人叫基法·莫基耶维奇，他总是不停地思考各种哲学问题，其中一个问题是这样的：如果大象也用蛋孵出来的话，它的蛋壳得多厚啊，估计厚到连炮弹都打不碎吧！其实，即使是看起来很脆弱的普通蛋壳，也一样很结实。如果你用两只手掌心握住鸡蛋并用力挤压，你会发现把鸡蛋压碎并不容易，需要很大的力气。蛋壳之所以坚固，就是因为它特殊的形状——凸出的两端。当力量施加在一个点上的时候，这个力量可以分解为其他方向的几个力，这样蛋壳就不容易破碎了。

12. 鱼鳔有什么作用？

　　鱼鳔跟鱼的沉浮有着至关重要的联系。鱼鳔会帮助鱼停留在水里的某个深度，也就是鱼排开的水的重量与它自身重量相等的地方。当鱼下沉到比这个位置更低的地方时，在压力作用下，鱼的身体开始缩小。同时，鱼鳔受到这个压力，鱼排开的水的体积也会减小，被排开的水的重量自然也小于鱼自身的重量，于是鱼就会往下沉。同理，当鱼在水面上层保持平衡的时候，鱼的身体摆脱一部分外来压力之后，鱼鳔就会把鱼的身体撑大，鱼的体积变大，就可以往上游了。

13. 为什么灰尘能够飘浮在空气中？

有人说由于灰尘比空气轻，所以能够飘浮在空中，其实这是不对的。灰尘比空气重多了。一般来说，灰尘是石头、黏土、金属、树木或者煤等物质的微粒。它们可能比空气重几百倍甚至几千倍。这么重的灰尘怎么可能像木屑漂浮在水面上那样飘浮在空中呢？这是因为，虽然灰尘很重，但是相对于它的重量来说，灰尘的表面积大得多，这就大大增加了灰尘自由落体下降时的阻力，使得灰尘可以飘在空中。虽然它也会慢慢下落，但是，如果有一阵风，就可能把它吹向更高的空中。

14. 走路和跑步的区别是什么？

有人可能会说，走路比跑步慢。其实，和走路相比，除了速度还有其他的不同。走路时，脚掌的一部分总是与地面接触，但是跑步就不一定了，我们的身体可能与地面没有任何接触。可以这样说，走路是一个单支撑到双支撑再到单支撑的循环过程；而跑步则是从单支撑到腾空再到单支撑的循环过程。

15. 河流为什么是弯曲的？

如果你看过航拍图，你会发现所有的河流都是弯曲的，即使在一些地势非常平坦的地区，河流也是蜿蜒曲折的。这是为什么呢？原来，河流的地质命运是被力学控制的。对于小河来说，哪怕是一个细微的偶然原因，也可能使它发生弯曲，这是无法避免的。在河流弯曲的地方，水流是沿曲线流动的。这时水流就会受到地球给它的离心力的作用，压向弯曲的岸边，冲洗岸边并运走泥沙，受到冲洗的河岸弯曲的程度就会越来越大。渐渐地，河流变成了蜿蜒曲折的样子。

蜿蜒曲折的河流

16. 水蒸气是什么颜色的？

相信大家都看到过水蒸气，可是你能说出它的颜色吗？你可能会说，水蒸气是白色的，其实这是不正确的。从严格意义上来说，水蒸气是没有颜色、完全透明的。也就是说，它应该像空气一样，我们是无法看见它的。那么我们看到的白色的"水汽"是什么呢？其实它是非常微小的水滴聚合后产生的效果，或者说它是雾化的水，而不是真正的水蒸气。

17. 雨滴落到地面时的速度是多少？

任何物体从空中下落都会受到空气阻力的作用。但是空气阻力会随着下落速度的增加不断增加。当雨滴刚开始下落时，它的速度很快，受到的阻力也可以忽略不计。但是，随着下落雨滴的速度越来越快，空气阻力就不能忽略不计了。雨滴下落时，加速度会慢慢变小，最后减小到0。从这个时候开始，雨滴将进行匀速运动。因为速度不再变化，所以雨滴受到的阻力也会保持不变，它会一直保持匀速下落。通过实验，我们测量了雨滴下落时最终的速度。最小的0.03毫克的雨滴，它最终的速度是1.7米/秒；最大的200毫克的雨滴，速度也不过只有8米/秒。

18. 为什么人可以漂浮在死海上？

很早以前，人们就知道世界上有一片海是不会把人淹死的，这是著名的死海。死海的水非常咸，所以一般的生物都无法在死海里生存。酷热干旱的气候使海面的水被大量蒸发，溶解在水里的盐分依然留在海里，于是死海里的盐浓度越来越高。按重量来计算，大多数海洋的含盐量只有2%～3%，而死海的含盐量达到25%甚至更多。死海的海水呈现出一个与众不同的特点：它比普通的海水重得多。与同体积的死海海水相比，我们身体的重量要轻得多，所以人在这样的液体里是不会被淹死，反而可以漂浮。

19. 你见过流向高处的河水吗？

　　不知道你有没有遇到过这样的情况：当我们沿着一条小河行走的时候，如果河边的道路有一点儿向下倾斜，并且小河的水面倾斜的角度比较小，我们就会认为河水在向高处流去，但其实走近之后仔细观察就会发现并不是这样。当我们走路的时候，会不自觉地以站立的平面为基准面，下意识认为这个面是水平的，然后去判断其他平面的倾斜度，这个时候就经常会很自然地认为远处的平面有着很大的倾斜角度。这种"外部感觉"其实是一种视觉上的错觉。

沿着小河行走，河边的道路稍微有点儿向下倾斜

岸边的人感觉河水在往高处流

20. 树木为什么无法长到天上去？

在正常条件下，一棵普通的树可以牢牢地支撑自身的质量。我们知道，树干的抗压力与它的横截面积成正比，如果树干真的长得很高，它的几何形状还保持原来的样子，它就会被自己的质量压倒。所以，对于高大的树木来说，要想保持完整性，树干的直径与高度的比值应该比矮的树木大。但是，树干变粗的结果会使树的质量也相应增加，这样又会增加树干的负载。所以，大树的高度是有极限值的，如果超过了极限值，树干就会被压坏，所以树木是无法长到天上去的。

21. 为什么春汛时河面会凸起，枯水期时河面会凹下去？

不知道你有没有观察过，春汛时，如果水面上漂着一些木柴，它们会从河中央漂到岸边来；而到了枯水期，木柴会往河中央集中。这是因为河水的水面会发生变化，春汛时靠近中央的水面比靠近岸边的水面高，而枯水期水位会变低，中央水面就会比岸边水面低一些。出现这种现象的原因是：河岸由于一些障碍物的摩擦，水流的速度减慢了，所以河中央的水流速度比岸边快一些。春汛时，在河水的流动过程中，河中央水量的增加速度比岸边快得多，于是河中央就变得凸起来了。反过来，到了枯水期，由于河中央的水流速度比岸边快，所以这时河中央的水量减少得也快，于是河面就会凹下去。

22. 彩虹是怎么形成的？

"风雨之后有彩虹"是我们常常说的一句俗语，每次看到彩虹的时候，我们都十分喜悦。那么彩虹是怎么形成的？它的形成包含了哪些物理原理呢？

彩虹是气象中的一种光学现象，是阳光被折射、反射以及色散之后形成的。阳光的颜色不是我们看到的白色，而是由红、橙、黄、绿、蓝、靛、紫七种颜色组成的复色光。阳光进入棱镜或者水滴后先发生一次折射，然后在水滴的背面反射，最后从水滴射出时再折射一次。因为不同颜色的光具有不同的折射率，折射的角度也不相同。所以经过雨滴之后各种颜色的光会各自分散，这种现象叫作"色散"。光线穿过悬挂在大气中的水滴时，天空中就形成了拱形的七彩光谱，也就是我们常说的"彩虹桥"。

23. 雪落在水里有声音吗？

雪落在水里是有声音的，这个现象最早是由美国密西西比大学的克鲁姆教授发现的。克鲁姆想研究雪落下来有没有声音，便开着一辆车带着测声设备去追雪，经过测量，他发现：雪飘在空中是没有声音的，可一旦落进了水里，它就会发出一种长而尖的声音，就像我们听到的类似紧急刹车时的尖锐响声。它是一种频率极高的声音，频率在50~200千赫，这种声音人类是听不见的。但是许多水下动物都可以听到这一频段的声音，雪落在水里的声音对它们来说非常清晰。

24. 如何制造简易冰箱？

根据蒸发制冷的原理，我们可以制造一种不使用冰的冰箱。这种冰箱的制造方法非常简单：选用木制或白铁皮的箱体，在冰箱里面装上架子，用来放置需要冷藏的食物。把一个装有干净的水的容器放在箱顶，再拿一块粗布，一端浸在这个容器盛装的水里，剩下的部分顺着冰箱后壁搭下去，布的另一端就落在冰箱下面的一个容器里。水会不断渗进粗布，就像油通过灯芯一样。这时水就会慢慢蒸发，冰箱的各个部分也就随之变冷了。我们必须把这种"冰箱"放在凉爽的地方，每天晚上更换冷水，使它能够在夜里完全变凉，并且"冰箱"的每部分必须保证是干净的。

25. 为什么黑暗中的猫是灰色的？

物理学家认为："猫在黑暗中都是黑色的，因为没有光照的话，什么东西都看不见。"不过，这句话里的黑暗并不是指完全的黑暗，而是指光线微弱的情况。这句话的意思是：在光线不足时，色彩就无法分辨了，所有的东西看上去都是灰色的。真的是这样的吗？其实，如果用一束微弱的光线去照射一个有颜色的物体，眼睛看到的物体就是灰色的。然后，慢慢把光线调亮，达到一定的光照强度，就可以开始分辨色彩了。当光线太弱时，人们看什么都是灰色的。当光线太强时，我们也会分不清颜色，看什么都是白色的。

26. 闪电在放电的时候要消耗多少电能？

闪电放出的电压高达百万伏特以上，而电流超过10万安培。这里的电流是指在打雷的时候，雷电通过避雷针进入线圈的那部分电流。我们可以用伏特数乘以安培数得出瓦特数，也就是电功率。但还要注意一点，电压在放电的时候会降为零，所以我们在计算电能的时候，要使用平均电压，也就是最初电压的一半。这里，我们假设闪电放出的电压是50000000伏特，电流是200000安培，由此我们可以算出电功率大小为：

$$\frac{(50000000 \times 200000)}{2} = 5000000000000 \text{（瓦特）}$$

换算成千瓦的话就是5000000000千瓦。

看到这个数字，大家一定会想，闪电一定值很多钱。实际上，闪电持续的时间极短，不过1‰秒，在这段时间里，消耗的电能是 $5000000000 \times 3600 \times 1‰ = 18000000000$（千瓦时）。

27. 为什么鸟儿可以平安无事地站在高压线上？

众所周知，我们人类如果不小心碰到了电线，后果不堪设想。可在城市中，我们又经常能看到鸟儿若无其事地站在电线上的情形。为什么鸟儿就能平安无事呢？

其实，鸟儿的身体停在电线上，就相当于电路的一个分路。这个分路的电阻比电线分路上的电阻大得多。所以，这个分路的电流很小，根本不会伤害到鸟儿。但是，只要停在电线上的鸟儿以任何一种方式和地面接触，电流都会通过它的身体流到地面，它瞬间就会被电死。

28. 如何高效利用太阳能?

在太阳直射下的地球表面,每分钟每平方厘米地球表面获得的热量约为1.4卡,1千卡约等于4185焦耳。换算一下,日光每秒垂直照到1平方米的地面上可以提供大约1千焦耳的能。因此,太阳能有巨大的能量。

太阳能转化为机械能的利用效率不高,但用来加热却比较容易。太阳能热水器就是一种非常普遍且利用率很高的太阳能装置,它构造简单,制作成本低廉,能不断提供热水。此外,在广大农村,还有太阳灶等。另外,在一些干旱的咸水地区,人们还可以使用太阳能蒸馏器转化制造淡水。

29. 流星真的爆炸了吗？

　　我们经常会因为飞行物体和其发出声音的传播速度不同而产生错觉，得出和现实不吻合的结论。比如，我们觉得高高飞过头顶的流星爆炸了。流星从宇宙进入地球大气层时，它的飞行速度是很大的。即使它的速度因为受到大气阻力而有所减小，仍然是声速的几十倍。流星在穿过空气时，声音会非常大。假设我们站在地面上，头顶上方有一颗流星飞过，当流星飞过我们一段距离时，才能听到它在头顶处时发出的声音。因为流星的速度远大于声音的速度，所以我们听到的往往并不是我们看到的。这样的话，流星听起来好像已经爆炸变成了两部分，然后这两部分分别往相反的方向飞去。实际上，流星并没有爆炸。

30. 为什么昆虫飞过会发出嗡嗡声？

　　从昆虫的身体结构来说，它们并没有能够发出这种声音的器官。昆虫飞行的时候，之所以会发出这种嗡嗡声，是因为它们的翅膀像膜片一样，每秒振动的次数非常多，大概几百次的样子。我们知道，膜片每秒振动的次数如果超过16次，就可以产生一种音调，每一种音调对应一定的振动频率。所以，通过昆虫飞行时发出的嗡嗡声的音调，我们可以知道昆虫翅膀的振动频率到底是多少。各种昆虫翅膀的振动频率几乎是不变的，当昆虫想调整飞行的角度或方向的时候，变化的只是翅膀振动的幅度和角度。这也解释了为什么昆虫在飞行的时候，发出的声音基本上没有什么变化。

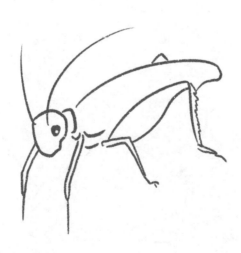

31. 为什么有的人听不到蟋蟀或者蝙蝠发出的尖锐声音？

有这样一些人，他们不是聋人，听觉器官也没有问题，但是却听不到蟋蟀或者蝙蝠发出的尖锐的声音，也就是听不到很高的音调，这是为什么呢？实际上，我们并不能把发生在身边的振动全部接收到。物体每秒振动的次数少于16次，或者高于15000～20000次，我们都听不见。不同的人所能听到的最高音调的界限是不同的。所以就会出现一种奇怪的现象：有些人能听到某些刺耳的高音，有些人却根本听不到。比如蚊子和蟋蟀发出的声音，其振动次数是每秒钟20000次。

32. 当我们看到日出的时候，太阳已经升起来了吗？

我们知道，光的传播也是需要时间的。由于地球距离太阳太远了，太阳光照射到地球的时间大约是8分钟。也就是说太阳光在8分钟之前就已经在那里了，只不过我们还没有看到。那么，如果光传播不需要时间，我们看到的日出时间就是8分钟之前，这个说法正确吗？

当然不正确。我们知道，日出就是从地球上的某一点发出了光，这个点上的光来自太阳，但这个点是从没有太阳光的地方转到了有太阳光的地方。所以，日出时，光传播不需要时间。而由于我们生活的大气层对光线有折射作用，光在传播过程中会发生弯曲，所以我们看到日出的时候，比太阳从地平线升起的实际时间要早。

33. 冰柱是如何形成的？

　　冬天，我们经常见到从屋檐上垂下的冰柱。这些冰柱是怎么形成的呢？我们都知道，只有温度达到0℃以下才能结冰。但是，即便温度达到0℃以下，如果屋顶上没有水也不能结成冰柱。当太阳光照在屋顶上时，屋顶上的积雪会融化，融化后的雪水顺着屋顶渐渐向下流到屋檐的位置。由于屋檐下面温度比较低，又达到0℃以下，所以雪水一滴滴流下来的时候就会凝结成一个个小冰球。随着时间的推移，这些小冰球就会凝结在一起，形成冰柱挂在屋檐下面。

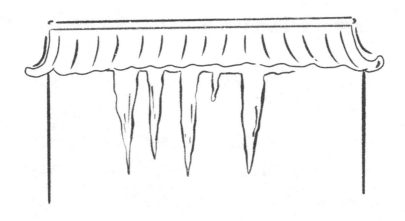

34. 海市蜃楼是如何形成的？

　　海市蜃楼是因为沙漠里的沙子被太阳暴晒后，靠近沙子的空气始终比上层的空气热得多，这就使靠近沙子的空气的密度减小。这样从遥远的地方射过来的光线遇到密度较小的空气时会发生弯曲，射在沙子上之后再折射到人的眼睛里，使得人们可以看到奇特的海市蜃楼的景象。而对于看到这种景象的人来说，就好像面前的沙漠里有一片水面，倒映着岸上的景色。确切地说，接近沙子的那部分热空气并非像镜子那样简单地反射光线，而像从水底看向水面一样。物理学上把这一现象叫作"全反射"。因此，海市蜃楼其实就是光发生了全反射的现象。

35. 近视的人是怎样看东西的？

一个人如果患了近视，不戴眼镜是不可能看清楚线条的轮廓的。对他们来说，眼睛中的景物始终是一片模糊。如果近视的人望向一个人的脸，他们是看不到这个人脸上的皱纹和色斑的。所以有时候他们对一个人实际年龄的判断甚至会相差20岁。

近视的人在夜间看东西也会跟视力正常的人不一样。在灯光的照射下，他们看到的所有发光物体都会变得比实际大得多，变成了一些不规则的亮斑。之所以发生这一切，都是因为近视的人的眼睛结构发生了改变。对于物体上每一点反射出来的光线，眼睛不能将其很好地聚焦到视网膜上，而是在视网膜的前面，所以就形成了模糊的影像。

36. 吃干面包片时，为什么自己会听到很大的声响？

这是因为，我们身体的构造决定了只有我们自己的耳朵才能听见这种声音。我们人类的头骨是非常坚韧的，这就导致了它对声音非常敏感，很容易把声音传导出去。我们知道，在实体介质里，声音会被加强。所以，在我们吃干面包片的时候，声音只是经过空气传到了旁边人的耳朵里，旁边的人听到的声音很微弱，但是这个声音在传给自己的时候，是通过我们的头骨传到听觉神经的，所以就变成了很大的噪声。还有一个例子也可以证明这一点：用两只手把耳朵捂起来，然后用牙齿去咬怀表的圆环，这时你会听到沉重的打击声，就是因为头骨加强了怀表的嘀嗒声。

第三章

物理和脑洞

01. 阿基米德真的能撬起地球吗？

　　最早发现杠杆原理的阿基米德曾经说过："给我一个支点，我就能撬起地球！"我们知道，在长臂的一端只需要很小的力就能把短臂一端的重物撬起来，那么假如真的有一个支点和一根足够长的杠杆，就可以撬起地球吗？地球的质量大概是$6×10^{21}$吨，如果想撬起地球，哪怕只是撬起1厘米，长臂那一端都要移动10^{18}千米。假设将一个60千克的重物抬高1米需要1秒钟的话，那么将地球撬起1厘米用的时间就是30万亿年！所以，别说是1厘米了，哪怕是将地球撬起头发丝般的高度，阿基米德用一生的时间也无法完成。

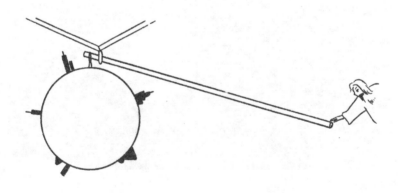

02. 如果摩擦消失了，世界会怎样？

在我们的日常生活中，摩擦处处存在，如果有一天，摩擦消失了，会发生什么情况？摩擦能够帮助物体保持稳定，有了摩擦，我们才不用担心放置的东西滑走。如果摩擦消失了，任何物体都将无法相互支撑，我们生存的地球也会像流动的海洋；墙上的钉子会自己掉下来；我们的手再也拿不住任何东西；人类也将无法建造任何建筑物；旋风起来了，将会一直刮下去，无法停下来；当我们说话时，会听到回音不断响起，因为声音从墙上反射时不会遇到任何阻碍，所以回音也不会有任何削弱。

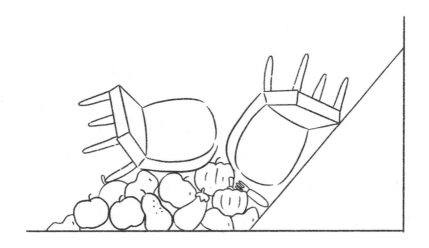

03. 一个房间里的空气有多重？

你有没有想过，空气也是有重量的。但是空气到底有多重这个问题却并不容易回答。实际上，夏天，1升热空气的重量大概是1克。而1立方米是1000升，所以1立方米空气的重量是1升的1000倍，即1千克。了解了这一点，我们只要估算出房间的体积，就可以粗略估算出一个房间里面的空气的重量了。比如，一个房间的面积是15平方米，高度是3米，那么这个房间的体积就是45立方米，由此可以计算出这个房间的空气重量是45千克。

04. 氢气球能飞多高？

孩子们都喜欢玩氢气球，但是如果不小心松了手，氢气球就会飘走。孩子们不禁会问：氢气球飞去哪里了呢？实际上，这些氢气球并不会一直飞，更不会飞到大气层外面去，它们的飞行高度有一个极限。到这个极限高度后，空气会变得非常稀薄，不足以支撑氢气球的重量。在这个极限高度上，氢气球的重量正好等于它所挤开的空气的重量。但是，由于在上升的过程中氢气球会膨胀，导致氢气球内部的气压增大。这时在内部气压的作用下，氢气球还没有达到极限高度，就被撑破了，所以它不一定能达到这个极限高度。

05. 站在船上哪个位置的射手射出的子弹飞得慢？

在一艘正在行驶的轮船上，两名射手分别站在船头和船尾，如果以海平面为参照物，跟静止不动的状态相比，站在船头的射手射出的子弹要飞得慢一些，站在船尾的射手射出的子弹会飞得快一些。但是对于两个射手来说，没有任何影响。当站在船头的射手射出子弹的时候，站在船尾的射手射来的子弹正在向他飞来。如果轮船是匀速行驶的，那么船头射来的子弹减慢的速度正好抵消船尾射来的子弹增快的速度。所以，子弹增快的速度跟前者减慢的速度正好相抵。最后对于子弹的目标来说，这两颗子弹的运动状态跟在静止不动的船上是一样的。

06. 在雨中站着不动和在雨中走动，哪种情况会让你淋得更湿？

如果你站在雨中，当雨水竖直下落时，每秒钟落到头顶的雨水就相当于一个直棱柱形的水柱。如果你在雨中以一定速度在路上行走，我们把人看作固定不动的物体，那么雨滴相对于你来说一共进行了两种运动：一是竖直下落，二是水平运动。这时每秒钟里落到头顶上的雨水总量是一个倾斜的棱柱体。一个是直棱柱体，一个是斜棱柱体，虽然它们的形状有差别，但都是以头顶为底，雨滴落下的高度为高，它们的底和高都是相等的，它们的体积也就是总的雨水量是相等的。所以，不管在雨中你是站立不动还是快速奔跑，你被淋湿的程度没有任何差别。

07. 如果没有介质的支撑，物体能运动吗？

我们在走路时，需要用双脚蹬着地面或者屋子的地板。想象一下，当地面特别光滑的时候，我们还能走路吗？答案是不能，我们在冰面上就有"寸步难行"的感觉。其实物体无论在什么介质中运动，都需要这种介质的支撑。比如，火车在开动的时候要依靠它的主动轮推着铁轨前进。假如在铁轨上抹油，让它变得十分光滑，主动轮就没法推动铁轨，火车也就没法前进了。同样地，轮船是依靠螺旋桨的推进作用，把水推开，从而向前开动的。飞机飞行是依靠螺旋桨来推开空气实现的，所以物体想要运动，离不开介质的支撑。

08. 沿地球直径凿一个洞，需要多长时间才能穿过它？

　　沿地球直径凿一个洞，当你不小心掉进这个洞下落到地球中心的时候，你的运动速度会很大，差不多是8千米/秒。等你到达地球的中心之后再向下，速度会逐渐减小，直到你落到洞的另一端。经过计算，来回整个路程差不多需要84分24秒。法国天文学家弗拉马里翁说："只有当我们沿着地球一极的开口向另一极挖洞的时候，这种情况才会发生。"假如我们把洞的出发点改在其他纬度，地球自转的影响也要考虑进去。因为距离地球自转轴越远，圆周的速度就越大，所以掉进洞里后下落方向会偏移，而不是笔直地往下落。

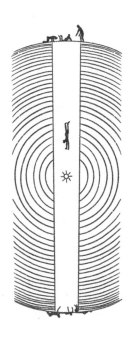

09. 能否给物体一个速度，使物体离开地球表面后再也不回来？

牛顿在《自然哲学的数学原理》中写道："如果石块被投掷出去时的速度足够大，它可以沿着一条非常长的弧线飞行，甚至飞出地球的边界，再也不回来了。"是这样的吗？设想在一座山顶放一门大炮，那么炮弹从大炮里射出后，只要速度能达到足够大，它就会围绕着地球一直不停地旋转下去，变成地球的一颗新卫星。通过简单计算，这时炮弹所需要的最小速度大约是8千米/秒。

10. 打开装满水的水桶的水龙头，需要多长时间水桶里的水才能流完？

假设一个水桶可以装30杯水，半分钟流完一杯，30杯水就需要15分钟才能流完。真的是这样吗？其实水桶中的水全部流出需要半小时，而不是15分钟。这是因为水流速度是不断改变的。在第一杯水流出之后，水位降低了，水流受到的压力减小。要想把第二个杯子装满的水流出来，就要花费更多的时间。同理，装第三杯水时，水流得会更慢，把任何一种液体装在一个没有盖的容器里，液体从孔里流出来的速度与位于孔上面的液体柱的高度都是成正比的。这个关系是伽利略的学生托里拆利最先发现的。

11. 能否制造一个水流速度保持不变的容器？

　　这种容器是存在的，名叫马里奥特容器。这种神奇的容器是一个造型很普通的窄颈瓶，从它的塞子上方穿过一根玻璃管，打开玻璃管下方的水龙头，瓶中的液体就会通过水龙头匀速往外流，而容器里面的液面高度会下降，直到瓶里的液面高度降到与玻璃管下端一致为止。水往外流时，外面的空气会通过玻璃管进入容器内部。空气在水里产生了气泡，并在容器中的水面汇聚。这时，水平面的压力就等于大气压力。换句话说，因为容器内外的大气压力相互抵消了，虽然水流会很细，但容器内的全部液体都可以匀速流出。

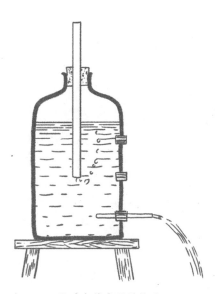

马里奥特容器的构造

第四章

课本中的物理

01. 力可以单方面存在吗？

在自然界中并不存在单方面的作用力，任何力的作用都是相互的，受力的物体一样会产生反作用力，这是自然界中非常普遍的现象。比如我们用手拍桌子，手会感到疼。手拍桌子的时候手是施力物体，桌子是受力物体；反过来看桌子是施力物体，手是受力物体，桌子给手的力量会让手疼。再有，任何不带电的物体，靠近带电的梳子时，梳子会转动。这都证明了任何力的作用都发生在两个物体之间。

02. 哪把耙子耙地更深？

地上有两把耙子，它们的构造相同，不同的是耙的齿数不一样，一把是20个，另一把是60个。第一把重60千克，第二把重120千克。那么，哪把耙子耙地更深一些呢？

其实，就第一把耙子来说，它的总重量是60千克，分摊在20个耙齿上，所以每个耙齿受到的压力为3千克。由此可以算出，第二把耙子的耙齿受到的压力是2千克。也就是说，虽然第二把耙子的总重量是第一把的2倍，但是它的耙齿耙得反而比第一把浅，因为第一把耙子每个耙齿受到的压力是第二把耙子的1.5倍。

03. 哪个木桶受到的压强更大一些？

有两个木桶都装着酸白菜，上面都盖着圆木，圆木上面还放有石头。第一个桶上的圆木直径为24厘米，上面的石头重10千克；第二个桶上的圆木直径为32厘米，上面的石头重16千克。那么，哪个桶受到的压强更大一些？首先我们要弄明白哪个桶上盖的圆木每平方厘米所受到的压力更大一些。对于第一个桶来说，石头的重量是10千克，圆木的面积约为452平方厘米，那么，每平方厘米圆木受到的压力大约是22克。而第二个桶上的圆木，每平方厘米受到的压力大约是20克，也就是说，第一个桶受到的压强更大一些。

04. 物体保持静止还是运动，是绝对的吗？

很多人都会认为运动和静止是对立的，但是实际上，不论在什么时间点，物体究竟是运动还是保持静止，都不是绝对的。我们只能说，一个物体相对于另一个物体在做什么运动。比如，我们看到火车在铁轨上飞速行驶，参照物是我们自己，这时火车是运动的。但是对于火车上的人来说，这并不影响他们在火车上睡觉、活动，他们也并不需要担心火车是停在站台还是行驶在铁轨上，因为对于他们来说，火车是静止的。

05. 木杆会停在什么位置？

木杆两端分别固定一个重量相等的小球，木杆以中间穿的一根水平小木棍为轴旋转，它会停在什么位置呢？

有些人可能认为，木杆停下来的时候，肯定在垂直方向上。实际上，它可以在任何位置保持平衡，有可能是垂直方向，也有可能是水平方向或者倾斜的方向。这是因为，对于木杆来说，它的重心在支点上。其实，任何物体都一样，如果通过重心把它托住或者挂起来，它可以在任何状态下保持平衡，所以我们是无法判断它停在什么位置的。

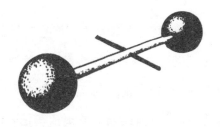

06. 怎样准确理解牛顿第二定律？

牛顿第二定律又称惯性定律，它主要讲的是：对于一切物体来说，它会一直保持静止或者匀速直线运动状态，直到有外力作用在它身上为止。速度的变化是用加速度来衡量的，它的大小跟作用力成正比，方向跟作用力相同，我们常用F=ma这个公式来表示这个定律。其中，F表示作用在物体上的力，m表示物体的质量，a表示物体的加速度。根据这个公式我们可以得出，在同一个力的作用下，质量越大，物体得到的加速度越小。并且当一个物体突然运动或由直线运动变为非直线运动，或者出现速度变快、变慢或停止这三种情况中的任何一种时，都说明这个物体受到了外力作用。

07. "克服惯性"是怎么回事儿？

在现实生活中，我们经常听到有人说要想使一个静止的物体运动起来，必须先克服它的"惯性"，这是什么意思呢？对于任何物体来说，要想它得到一个初速度，必须给它足够的时间。对于任何力来说，不管这个力有多大，都不可能使物体立刻达到我们需要的速度，即使这个物体的质量非常小也不可能。如果我们不给力产生作用的时间，这个物体就永远不可能得到任何速度，更不能产生运动。物体在受到力的作用的时候，我们总是因为它没有立刻运动起来觉得它在"抗拒"力的作用，或者说在"克服惯性"，其实这是我们产生的错觉。

08. 什么是向心力？

在一张光滑的桌面中央钉一颗钉子，一个小球被一根细绳拴在这颗钉子上。如果我们弹一下这个小球，使它有一个初速度，这个小球就会匀速前进。当它运动到把绳子拉直后，小球将会以绳子的长度为半径，以钉子为圆心做匀速圆周运动。如果这时我们把绳子烧断，小球会沿着圆周的切线方向飞出去。根据牛顿第二定律，作用力与物体得到的加速度成正比，绳子的张力作用在小球上，会给小球一个加速度，加速度的方向朝向钉子。在惯性的作用下，小球想继续进行之前的匀速直线运动，但由于受到绳子的张力作用，小球不得不绕圆心做圆周运动，我们将这里的张力称为向心力，加速度称为向心加速度。

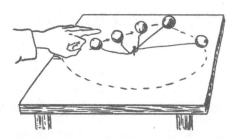

将线拉直后，小球做匀速圆周运动

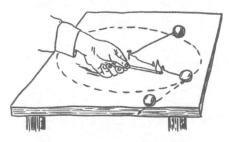

将线烧断后，小球沿圆周的切线飞出

09. 重的物体一定下落得快吗？

相信你一定听说过著名的比萨斜塔实验，伟大的自然科学家伽利略通过实验驳斥了重的物体比轻的物体下落得快的理论。伽利略先是这样进行推理的，如果重的物体下落得快，假设有一大一小两个物体，大物体的速度是8，小物体的速度是4，那么当它们连接到一起后，大物体的速度将变慢，而小物体的速度会变快，得到的速度应该比8小。但是，当这两个物体连在一起后，它们的质量却比其中任何一个物体都大，速度就应该比8还要大。显然，这跟前面的理论是矛盾的。后来经过比萨斜塔实验，伽利略证明了从同一高度自由落体的两个不同重量的物体，下落速度一样快。

10. 欧拉缰绳理论是什么？

根据力学原理，绳索在一根木桩上滑动的时候，产生的摩擦力可以达到非常大的程度，而且绳索缠绕在桩上的圈数越多，摩擦力越大。当圈数按照算术级数增加的时候，摩擦力就会按照几何级数递增，这就是摩擦力递增的规律。18世纪，著名的数学家欧拉算出了摩擦力大小跟绳索缠绕木桩圈数之间的关系，被称为欧拉缰绳理论，它给我们带来了很大的便利，我们打结的时候，绳子的弯曲折叠越多，摩擦力就会越大，这个结就越牢固。

11. 引力到底有多大？

物体坠落每时每刻都在发生，我们已经习惯性地认为，地球对物体的吸引是平常的事情。其实物体之间也是相互吸引的，但是它们之间的引力非常小。万有引力的大小跟质量的乘积成正比，物体质量越大，引力越大，所以质量小的物体，彼此之间的引力很小，可以忽略不计。但是天体的质量惊人，它们之间的引力就非常可观。比如，由于引力的作用，使得地球能够始终在轨道上围绕遥远的太阳运行。

12. "气体""大气"这些名称从何而来？

很多词都是科学家创造出来的，比如气体、大气、温度计、电流等。与伽利略同时代的荷兰化学家、医生赫尔蒙特把希腊词chaos翻译成gas（气体）。他发现空气其实是由两部分组成的：一部分具有可燃或是助燃的性质，另一部分没有这样的性质。到1789年，拉瓦锡发现了这个词，并且大力推广。当人们开始谈论蒙哥尔费兄弟首次乘坐气球飞行的事情时，这个词才得到广泛的传播。俄罗斯自然科学的鼻祖罗蒙诺索夫使用了另一个词来表示气体。他把气体称为"有弹性的液体"，同时罗蒙诺索夫还引进了很多其他科技词汇。

13. 空气的压力有多大？

在17世纪中期，在雷根斯堡的居民看到这样一件奇怪的事情：16匹马同时向两个相反的方向拉两个紧紧合在一起的铜制半球，其中8匹马往一个方向拉，另外8匹马往相反的方向拉，这些马都用尽了全力，也没能把这两个半球拉开。这就是著名的"马德堡半球实验"。是什么东西把这两个半球黏得这么紧呢？其实只是空气而已，空气对地面上所有的物体都施加了很大的压力。16匹马的拉力可以达到20吨，可见，空气压力的大小是惊人的。

14. 声音和无线电波，哪个更快？

声速比光速要慢几百万倍，而无线电波的传播速度和光波一样，所以声音的传播速度比无线电波也要慢几百万倍。下面，我们就用一个问题来解释一下这个现象：一位观众坐在音乐厅里听音乐会，离钢琴只有10米的距离；一位听众用无线电在收听同一场音乐会，他位于距离音乐厅100千米之外的地方。请问：哪个人先听到音乐？无线电听众虽然离钢琴很远，是音乐厅观众与钢琴间距离的10000倍，但却是他先听到了音乐。通过计算可知，声音在无线电中传播所需时间大约是在空气中传播所需时间的1%。

15. 声音和子弹，哪个更快？

我们知道，不管子弹发射的声音有多大，和所有的声音一样，它在空气中的传播速度只有340米/秒。那么在现实生活中，子弹的速度有多大呢？它的速度比声音的传播速度是快还是慢呢？如果子弹比声音传播的速度慢的话，人是不是就可以在听到枪声后及时躲开子弹呢？现代步枪射出子弹的速度几乎是声音在空气中的传播速度的3倍，约为900米/秒（在0℃时，声音的传播速度是332米/秒）。很显然，声音的传播速度根本赶不上子弹的飞行速度。所以，如果在开枪的时候，你已经听到了枪响，子弹肯定已经飞过去了。子弹总是在枪声之前到达，如果已经被子弹射中，就肯定不会先听到枪声了。

16. 如果声音的传播速度变慢了，会发生什么？

如果声音在空气中的传播速度变慢了，不再是340米/秒，那么我们对声音就会产生很多的错觉。假设现在声音的传播速度变为340毫米/秒，比人步行的速度都慢得多。一个朋友正在屋里走来走去地给你讲故事，你坐在椅子上，在以前，他走路的声音不会影响你听故事，但现在声音的传播速度变慢了，你就会听不清故事了。因为他前后说的话都会混在一起，你只能听到乱七八糟的声音，根本听不清内容。如果你的朋友向你走近3米，你听到的话会是相反的顺序：先听到他刚刚说的，然后是早些时候说的，随后又是更早时候说的。

17. 我们以声速离开时，会听到什么？

当你采用和声音一样的速度离开一场正在演奏的音乐会时，你会听到什么呢？你可能会说："我们在这段时间听到的音调都是在我们出发时的音乐会发出来的那个音调，所以听到的音乐不会改变。"实际上，这种答案并不正确。如果当时你是以声音的速度离开的，那么对你来说，这些声音和你就是相对静止的，因此你的耳膜不会受到任何震动。所以，你根本听不到任何声音。你可能会觉得，乐队的演奏已经停止。

18. 我们能在千分之一秒的时间里做些什么？

实际上，在千分之一秒内可以做的事情有很多，声音可以在这期间走33厘米，超音速飞机则可以走大约50厘米。对于地球来说，它可以围绕太阳走30米。而对于光，在千分之一秒的时间里可以走300千米。在自然界，我们周围生活着的很多微小生物对于千分之一秒完全觉察得到。比如，在一秒钟的时间里，蚊子的翅膀上下振动的次数达到500~600次，也就是说，在千分之一秒内，它可以把翅膀抬起或者放下超过一次。可是作为人类来说，任何器官的运动速度，根本不可能像昆虫那样快。我们常说眨眼是"转瞬"或者"一瞬"，但是，如果用千分之一秒作为计时单位来量算，这个"转瞬"却进行得非常慢。

19. 我们的运动速度有多快？

　　一个专业的长跑运动员跑完1500米，需要3分35秒左右（也就是每秒约7米）。而一个普通人行走的速度为每秒钟1.5米，经过比较可以直观地发现，人与人之间速度差别之大。不过，长跑运动员的速度和普通人步行的速度当然不能用同一个标准来衡量，两者各有优势。步行的人走得慢，但他可以连续走几个小时。运动员的速度虽然很快，但只能持续很短的时间就得停下来休息。人的速度比不上很多动物，但是人类却发明了各种速度很快的工具，比如，客轮的时速可以达到60～70千米，客运火车的时速可以达到100千米以上。当然还有飞机、火箭等，这样人类就成为世界上速度最快的动物了。

20. 地球在什么时间绕太阳旋转得更快，是白天还是晚上？

这个问题不是问地球什么时候旋转得比较快，而是在问地球上的我们到底什么时候运动的速度更快。在太阳系中，我们每天都在进行两项运动：在绕太阳公转的同时，我们还在绕地轴自转。这两项运动叠加到一起，才是我们的运动情况。在午夜的时候，地球自转的方向和公转前进的方向相同，实际运动速度是自转速度和公转速度相加得到的。而在正午的时候，地球自转的方向和公转前进的方向相反，实际运动速度是公转速度减去地球自转的速度。也就是说，在太阳系里，我们午夜的运动速度要快于正午的运动速度。

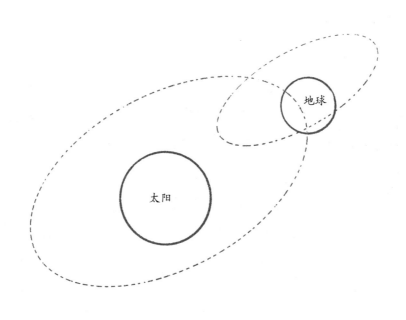

21. 从行进的火车上跳下来，向哪个方向跳更安全？

判断我们应该向哪个方向跳车更安全，除了我们常说的惯性因素以外，还有另外一个决定因素，那就是人的行走动作和自我保护能力。实践证明，向前跳虽然速度更快，但却更安全；往后跳虽然落地速度慢，但人的身体却非常别扭，更容易受伤。因为我们会习惯性地把一只脚伸向前方，而向前跳的同时脚向前伸，就可以避免摔倒。对普通人而言，向前跳是最好的选择，而像过去的火车乘务员和公交车检票员这样的人，因为工作原因跳车的经验丰富，他们跳车的方法一般是面对着车子前进的方向向后跳。这样的跳车动作让身体的速度相对较小，更避免了仰面摔倒这样更危险的动作。

22. 1吨木头与1吨铁，哪个更重？

小时候，我们经常会被问到一个问题：1吨木头与1吨铁，你觉得哪个重？很多人会回答"1吨铁重"，结果引得大家哈哈大笑。这种说法到底有没有道理呢？我们可以这样进行解释，物理学上重要的定律——阿基米德原理，不光适用于液体，对气体同样适用。物体在空气里失掉的重量，等于这个物体排开的同体积的空气的重量。所以，木头的真正重量等于1吨加上跟这1吨木头同体积的空气的重量；铁的真正重量等于1吨加上跟这1吨铁同体积的空气的重量。1吨木头所占的体积大约是1立方米，约为1吨铁的16倍，两种物体所占空气的重量大约相差2.5千克。所以，在空气中，1吨木头的真正重量比1吨铁重多了。

23. 电影中的主人公用手抓住一颗子弹能实现吗？

有这样一部电影，描述的是在战争时期，一名法国飞行员正在2000米的高空中飞行，忽然发现自己的脸旁边飞着一个很小的东西，他以为是一只小飞虫，于是就伸手轻松地把它抓在了手里，低头一看，竟然是一颗子弹！这则不可思议的新闻是真的吗？我们都知道，子弹的速度非常快，刚射出时每秒几乎能达到800~900米，但是在空气中飞行时，子弹会因为空气阻力而逐渐降低飞行速度，最后减慢到每秒40米左右（现在民航飞机的时速为800千米/小时，也就是224米/秒）。这时，如果这名法国飞行员的飞行速度也是每秒40米左右，那么子弹相对于飞行员来说，是完全静止不动或者在缓慢移动的，就有可能出现飞行员用手抓住子弹这样的巧合了。

24. 把西瓜投向行驶的汽车会产生什么后果？

　　1924年，曾经发生过一起西瓜伤人的事件，在国外举办的一场汽车拉力赛上，附近的农民为了表示对参赛汽车的欢迎，就用自家栽种的苹果、西瓜和香瓜等水果，向快速行进的汽车投掷，试图扔到参赛司机的手里。没想到这样扔出去的水果有的砸在了车上，把车子砸瘪了，甚至导致了翻车；有的砸在了司机或者乘客的身上，把他们砸成了重伤。是什么原因造成了这个悲剧呢？其实是物理学中的动能，参赛汽车自身的速度加上水果的速度产生了破坏力极大的动能。根据公式计算可以发现，将一个4千克重的西瓜扔向一辆以时速120千米飞驰的汽车时，所具备的动能和一颗仅有10克重的子弹所具备的动能是差不多的，这样的话，西瓜变成炮弹伤人也就不难理解了。

25. 什么是最薄的东西?

　　日常生活中,我们形容一个东西很细、很薄,经常说它像头发一样细或像纸一样薄。但是如果拿肥皂泡薄膜和这些东西比起来,相差真不是一星半点儿。可以说,肥皂泡薄膜是我们人眼所能观察到的最薄的东西,虽然很多人并没有这样的感觉。一根头发大约有1/200厘米粗,肥皂泡薄膜的厚度只有头发粗细的1/5000。如果把肥皂泡薄膜的厚度放大200倍,单用肉眼我们也很难看清楚它的横截面有多厚,再放大200倍,也只有一根细线那么厚。如果一根头发放大这么多倍的话,足有2米粗。

26. 被"偷"走的电话线去哪儿了？

　　每年一到冬天，莫斯科到圣彼得堡间都要丢几百米的电话线。大家都知道这是谁干的，但是这个"偷"电话线的家伙却并没有受到任何惩罚，这是为什么呢？因为这个"盗贼"就是寒冷的冬天。我们知道在寒冷的冬天，铁路的钢轨会收缩，电话线也一样。只不过，因为电话线是铜芯的，它对天气变化更敏感，热胀冷缩的程度大约是钢轨的1.5倍。根据刚才提到的比例关系，我们可以说，莫斯科到圣彼得堡间的电话线，冬天大概比夏天短500米。虽然电话线在冬天被"偷"走了这么多，但并没有影响两地之间的正常通信。到了天气暖和的时候，这些被"偷"的电话线又会被"还"回来。

27. 我们能看见镜子吗？

　　镜子可以说是日常生活中不可缺少的东西，但你对镜子了解多少呢？很多人喜欢天天照镜子，但如果我问你，你能看见镜子吗？你可能会说，当然可以。其实，你错了。镜子是看不见的，我们看见的只是镜子的镜框，或者玻璃的边缘，最多也就是看到镜子里面的我们自己。但是我们说的是镜子，只要它擦得很整洁，没有污垢，你是看不见它的。换句话说，一切能反射光的东西，都是看不见的。但是，如果这个东西只能漫射光，比如我们经常见到的磨砂玻璃，我们是可以看见它的。镜子利用其看不见的特性，让我们从镜子里看到的是别的东西，而不是镜子。

28. 我们在镜子里面看见的是谁？

你一定会说："我们看镜子，看到的当然是自己了，而且从镜子里看到的，就是另一个自己。"真的是这样吗？比如，你的右脸上有块儿斑，但在镜子里看斑却在左脸上。再比如，你抬起右手，镜子里的那个"你"却抬起了左手。你所有的动作在镜子里都是反着的。继续观察镜子里的"你"，你还会发现镜子里的"你"是个左撇子，不管是写字还是吃饭，都是用左手。对大多数人来说，身体是不完全对称的，我们的左边和右边并不完全相同。照镜子的时候，你身体左半部分的一些特点就会移植到右半部分上去，镜子里的"你"和本身的你就会完全不一样。

29. 为什么人类创造不出永动机？

长期以来，永动机一直被人们热烈讨论，那什么是永动机呢？想象中，永动机是一种机械装置，它不用做功就能永远不停地自动运动下去，做一些有意义的事情。很早以前，有人就试图制造这种机械装置，但是一直到现在，都没有人真正制造出来。

19世纪中叶，迈尔、焦耳、亥姆霍兹等科学家提出了能量守恒定律。能量守恒定律指出：能量既不会凭空产生，也不会凭空消失，只能从一个物体传递给另一个物体，而且能量的形式也可以相互转变。在一个封闭（孤立）的系统中，总能量为系统的机械能、热能及除热能以外的任何内能形式的总和，而总能量保持不变。因此在没有外力的作用下，人们根本不可能制造出这样一种机械装置能够永远运动下去。

30. 多普勒效应是什么？

多普勒效应是由奥地利物理学家多普勒发现的。由于波源和观察者之间有相对运动，使观察者感到物体辐射的波长的现象叫作多普勒效应。

声源完成一次全振动，向外发出一个波长的波，波源的频率等于单位时间内波源发出的完全波的个数，而观察者听到的声音的音调，是由观察者单位时间接收到的完全波的个数，即接受的频率决定的。光和声音都是沿波浪形曲线传播的，所以光线和声音都有这种现象。

31. 超声波可以进行哪些应用？

人类耳朵能听到的声波频率为20Hz～20000Hz，频率高于20000Hz的声波称为超声波。

人们已经能够运用现代技术制造出超声波。超声波的振动可以对生物产生强烈影响：振断海草的纤维，振碎动物的细胞，1～2分钟内杀死小鱼和虾类等。超声波还会升高实验动物的温度，以及应用在医疗技术上。超声波在冶金方面的应用目前最为成功，可以用来探测金属内部是否存在气泡和裂缝、组织结构是否均匀。通过"透视"金属，让浸在油里的金属接受超声波的作用，金属里不均匀的地方就会改变超声波的波动，出现一种"声音的阴影"。超声波可以"透视"厚度达到1米以上的金属，这一点连X射线都无法实现。现在超声波可以进行超声焊接、钻孔、除尘、去污垢、清洗、灭菌等，在工矿业、农业、医疗等各个部门获得了广泛应用。

第五章

趣味物理实验

01. 如何制作一个陀螺？

　　找一个有5个小眼的纽扣，我们可以非常容易地利用它来做一个陀螺。找一根火柴，用小刀把火柴一头削尖，穿到纽扣中间的小眼上，这样就做好了一个陀螺。其实，这样做出来的陀螺两头都可以转，就像我们平常玩的那样，可以把陀螺的钝头朝下，用拇指和食指捏住转轴，然后把陀螺快速地甩到桌子上，陀螺就会自己转起来，而且还会有意思地摇来晃去。

02. 制作一个彩色陀螺的方法

　　彩色陀螺制作起来比较麻烦，却有着令人惊奇的效果。先用一张硬纸剪一个圆片，在中间插一根削尖的火柴，再切下两片软木塞，分别放在圆片的上面和下面，把纸片压紧。然后，在硬纸片上画几条半径线，就像分蛋糕那样，把圆片平均分为几个扇形。再把各个扇形涂上黄蓝相间的颜色。当陀螺旋转时，我们会看到，圆片的颜色既不是蓝色，也不是黄色，而是绿色。也就是说，黄色和蓝色在我们眼中变成了一种新颜色——绿色。同样的方法，我们还可以进行其他颜色的实验。

03. 制作一个会画画的陀螺

　　简单的方法是用一张硬纸剪一个圆片，一支削尖的铅笔作为转轴。把这个陀螺放在稍微倾斜的硬纸板上旋转。当它转动的时候，会慢慢沿纸板向下滑动。这时，铅笔就会画出一条螺旋形的线。

　　另一种方法是找一块圆形的铅片，在中间穿一个小孔，然后在孔的两边各钻一个小孔。在中间的孔上插一根削尖的火柴，在旁边的一个小孔上穿一根折断的火柴棍。另一个孔的作用是使铅片两边保持平衡，不用拴火柴棍。这样陀螺就做好了，把它放在一个熏黑的盘子上转动，同样能画出一些白色花纹。

04. 模拟潜水艇实验

准备一个新鲜鸡蛋、一瓶水、一袋食用盐。新鲜鸡蛋比同体积的纯净水要重一些，会沉到水里去。如果我们在水里放一定量的盐，根据阿基米德提出的浮力原理，当鸡蛋的重量小于它排开的盐水的重量时，就可以浮起来。我们可以把盐水的浓度多调配几次。比如，如果鸡蛋浮起来了，我们就加点儿水；如果鸡蛋沉下去了，我们就再加点儿盐。耐心地多试几次，我们能调配出一定浓度的盐水，使没入水中的鸡蛋所排开的盐水的重量正好与鸡蛋的重量相等，当把鸡蛋放在水里的任何地方，它都只是停在那里静止不动，既不会上浮，也不会下沉，这一现象在物理学上称为"悬浮"。潜水艇正是利用悬浮原理在海水中保持平衡的。

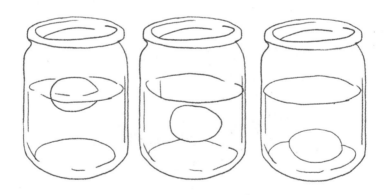

05. 自制潜水钟实验

　　准备一个玻璃杯和一个装满水的脸盆。把玻璃杯倒过来，扣在水底，用手压住杯子。这时，我们会发现，玻璃杯里几乎没有水进去。这是因为杯子里有空气，阻止了水进入。

　　我们还可以用玻璃漏斗来做这个实验。把漏斗倒过来扣到水里，并用手指堵住上面的漏口，水也不会流到漏斗里。但是，如果我们把手指移开，由于空气流通了，盆里的水就会立刻灌到漏斗里去，直到漏斗内外的水面相平为止。由此可见，空气并非是"不存在的"。它真实地存在于空间中，如果没有其他地方"藏身"，它就会待在自己的地盘上。

06. 证明空气压力的实验

第1步：准备一个玻璃杯，往里面倒满水。

第2步：找一张明信片或硬纸盖住杯口，用手指轻轻地压住纸片，慢慢把杯子倒过来。

如果把压住纸片的手拿开，纸片仍然会盖在玻璃杯的口上，水也不会流下来。这个实验可以证明空气的压力。水几乎把整个杯子装满，那么杯子里的空气比外面的稀薄很多。杯子里空气的密度比外面空气的密度小很多，产生的压力也比外面的小得多，而空气从纸片下面给纸片的大气压力非常大，因此可以托住杯子里的水。

07. 钟声入耳实验

找一条绳子，在它的中间系上一把勺子，然后把绳子的两端分别放在两个耳朵眼里。弯曲上身，使勺子可以前后自由摆动。移动身体，让勺子撞在某个固体上，你的耳朵里就会传来低沉的轰鸣声，就像在耳朵旁边敲了一下大钟一样。如果把勺子换成更重一些的物体，效果会更加明显。这是因为声音不仅可以通过空气传播，还可以通过其他气体、液体或者固体传播。我们的头骨同样也可以，骨传导省去了许多声波传递的步骤，听到的声音更加清晰，所以我们能听到这样的"钟声"。

08. 关于空气压力的趣味实验

　　找一只光滑的盘子，在里面放一枚硬币，往盘子里倒一些水，没过硬币。拿出一个玻璃杯，把一张点燃的纸放到杯子里，当纸冒烟的时候，把玻璃杯倒扣在盘子里并保证硬币在杯子的外面。这时可以看到，玻璃杯里的纸很快烧光了，盘子里的水慢慢地进入了玻璃杯里，而且一滴不剩，只剩下了硬币！

　　这是因为杯子里的纸燃烧消耗了氧气，使得玻璃杯里的空气变得稀薄，当剩下的空气冷却下来后，所产生的压力就会比之前小。杯子内外的空气压力并不均衡，外面的比里面的大一些，于是盘子里的水被空气挤压到了玻璃杯里。

09. 磁针实验

　　拿一根普通的缝衣针，在上面抹一点儿黄油或者猪油，然后把它轻轻放在盛有水的碗或杯子的水面上，缝衣针就可以浮在水面上。这是因为涂了黄油的缝衣针没有和水面接触，而是在水面上形成一个凹槽，使得凹槽产生的表面张力托住了缝衣针。

　　我们再找一块马蹄形的小磁铁，把它靠近水面浮着缝衣针的碟子，我们会发现，碟子里的缝衣针会往磁铁的方向"游"去。如果我们事先用磁铁顺着同一个方向摩擦一下缝衣针，然后把缝衣针放到水面上，实验效果会更明显。这是因为，用磁铁摩擦过的缝衣针，带上了磁性，变成了磁铁，所以即便我们拿没有磁性的普通铁块来靠近碟子，缝衣针一样会向铁块方向"游动"。

10. 模拟指南针

指南针能够用来辨别方向，这是利用了两块磁铁之间同极相斥、异极相吸的特点。地球本身就相当于一个巨大的磁铁，需要注意的是，地磁的南极在地理的北极附近，地磁的北极在地理的南极附近。我们可以用带磁性的缝衣针来模拟指南针，方法是准备一杯清水，把缝衣针放在水面上，这时的缝衣针会固定指向一个方向，这个方向就是南北方向，就像指南针一样。转动杯子时，磁针的方向并不会随着杯子转，而是仍然一头朝北、一头朝南。

11. 用不准的天平称重

我们用杠杆和两个茶杯做一个天平，显然，这个天平是不精准的，它能用来准确称重吗？我们可以先这样做：

第1步：在一个茶杯里放上一个物体，要求这个物体比需要称重的物体略重一些。

第2步：在另一个茶杯里放上砝码，使杠杆达到平衡。

第3步：把需要称重的物体放到装有砝码的茶杯中。

显然，这时杠杆会变得倾斜，我们必须拿掉一些砝码，才能保持杠杆的平衡。由此可知，拿掉的那些砝码的重量就是需要称重的物体的重量。其中的道理很简单：杠杆两端的物体和砝码对茶杯产生的作用力是相等的，所以它们的重量也必然相等。

12. 简易验电器

验电器的工作原理就是两个同极带电物体的相斥性。

第1步：找一个能塞住玻璃瓶口的软木塞，或者用硬纸剪一个圆片。

第2步：在软木塞或者圆片中间穿一条芯线，芯线的一头要露出来。

第3步：在芯线的下端，我们用蜡油固定两块小的薄铝片或者卷烟用的锡纸。

第4步：把软木塞塞到瓶子上，或者用圆片盖在瓶口上，用火漆封住。

如果我们用一个带电的物体靠近瓶盖上的芯线，那么带电物体上所带的电就会传给铝片或锡纸，由于铝片或锡纸带的电相同，所以它们会相互排斥。

反过来，用一个物体靠近芯线时，如果铝片或锡纸相互排斥，那就说明这个物体是带电的。

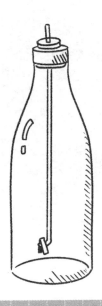

13. 绳子会在哪里断开？

　　找一根木棒，固定在门框中间，在木棒上绑一条绳子，在绳子中间系一本重一点儿的书，在绳子的一端系一把尺子。这时，如果我们用力拉尺子，绳子会从哪里断开？试一试就会发现，如果你拉得非常慢，绳子就会从书上面断开。如果猛地用力拉尺子，绳子就会从书下面断开。这是因为，当我们慢慢拉绳子时，绳子的上端除了受到手施加给它的拉力外，还受到书的重力作用；而对于绳子的下端来说，只受到手的拉力作用。如果猛地拉绳子，作用力的作用时间非常短，绳子的上部分还来不及感受明显的作用力，所以不会被扯断。而拉力主要集中在绳子的下端，所以绳子会从下端断开。

14. 纸条会从哪里断开?

　　用剪刀剪一张和手掌一样长、2厘米宽的纸条,在纸条上用剪刀剪两个小口。如果从两边扯纸条,它会从哪里断开,断成几节呢?

　　实际上不管你重复多少次实验,也不管纸条长宽如何,更不管剪开的口是大是小,纸条只可能被扯成两截,并且是"哪里细,就从哪里断"。这是因为,被剪开的两个口,不管你多么认真地想把它们剪成一样,它们总会有差别,用同样的拉力去拉扯,两个口子的阻力不同,阻力小的口子渐渐变大,这个地方的承受力也变得越来越弱,于是纸条就会从这个口断开。

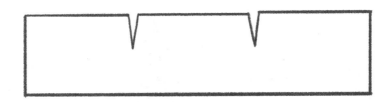

15. 用拳头砸空火柴盒会发生什么？

如果我们使劲儿用拳头砸一个空的火柴盒，会发生什么呢？把空火柴盒里面的内屉拿出来，将内屉叠放在外套上，然后我们用拳头使劲儿砸向火柴盒。你会发现，火柴盒和内屉都被砸飞了，但是它们只是跑到了别的地方，不管是外盒套还是内屉，基本跟之前一样，没有什么损坏。这是因为，火柴盒产生了非常大的弹力，正是这个弹力，保护了火柴盒。有时候火柴盒会稍微变形，但仍然是好的，绝不会被砸烂。

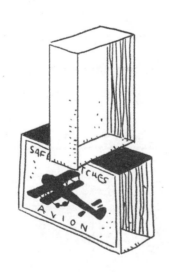

16. 蜡烛的火苗是怎么运动的？

有人说把蜡烛放在封闭的灯笼里，移动时火苗不会发生任何倾斜。其实这是错误的，火苗依然会发生倾斜。不过令人惊讶的是，当你向前走时，火苗是向前倾斜，而不是向后倾斜。这是因为，火苗的密度比周围的空气小。在同等的作用力下，密度小的物体产生的运动速度更大，灯笼里的蜡烛也一样，当我们提着装有蜡烛的灯笼行走时，由于火苗比空气的速度快，于是火苗会向前倾斜。

17. 天平哪边重一些？

在天平的两端各放一个装满水的水桶，其中一个桶里漂浮一个木块，天平会向哪边倾斜呢？实际上两边是一样重的，天平不会倾斜。有木块的水桶里面的水会少一些，因为木块挤出了一些水。根据物理学上的浮力定律，物体所排开的液体的重量等于这个物体本身的重量。所以，天平两边的两个水桶的重量是相等的。

如果把木块换成一个砝码呢？当我们把砝码放入水桶后，水桶里的水位会上升。砝码的重力大于浮力，这时，水对水桶底部的压力就变大了，而且增大的这部分作用力正好等于砝码的重力。

18. 如何让靠近火苗的纸条不被点燃？

第1步：把纸条包在铁块上，就像缠绷带一样。选择的纸条尽量细窄一些，这样实验效果更好。

第2步：把铁块放在蜡烛上。

这时，纸条最多会被火苗熏黑，而不会被火苗点燃。这是为什么呢？原因就在于，跟其他金属一样，铁块具有非常好的导热性，它把纸条从火苗那儿得到的热量全部吸走了。如果将铁块换成木块，纸条会很容易被烧着。这是因为木头的导热性非常差。如果换成铜条，这个实验就会更容易成功。

19. "自己航行"的纸船

根据磁铁同极相斥、异极相吸的原理，我们可以制作一艘有意思的纸船。制作方法非常简单，先用彩纸折出一艘纸船，再在纸船的船舱里藏一枚磁针。此外，我们需要事先准备一块磁铁，把纸船放在一盆清水中，让纸船漂浮在水面上，然后偷偷把磁铁藏在手心里，在不碰纸船的情况下，纸船就可以在磁铁的控制下航行，但从表面看起来，纸船好像在自己航行一样。

20. 自制玻璃瓶演奏架

　　找两根长木杆，把它们水平架在两把椅子上。在每根长木杆上，分别挂上8个装有水的玻璃瓶。不过，每个瓶子里的水不一样多。第一个瓶子里面的水基本上是满的，后面瓶子里面的水一个比一个少。最后那个瓶里面只有一点点水。再找一根干燥的小木棍，这样乐器就制作好了。用小木棍敲击这些瓶子，就可以发出不同音阶的音调。而且你会发现，瓶子里的水越少，音调越高。所以，如果你想调出某个音调，可以通过增加或者减少瓶子里的水量来实现。

　　得到两个八度后，你就可以用这个乐器演奏一些简单的曲子了。

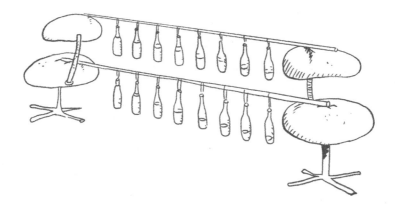

21. 证明磁力线的实验

用一个实验推测磁力的存在：把一只手臂放在电磁铁的两极上，一根根竖直的铁钉就这样铺满整个手臂。手本身感觉不到任何磁力，无形的磁力线穿过了手臂，作用在铁钉上，铁钉异常顺从地按照一定的顺序排列在了一起。

推测磁铁周围磁力的存在，还可以使用铁屑。把铁屑均匀地撒在一张光滑的厚纸或者玻璃板上，将一块普通磁铁放在这张厚纸或者玻璃板下面，轻轻敲击厚纸或者玻璃板，磁力就能自由地穿透厚纸或者玻璃板，铁屑就会磁化。在我们抖动时，已经磁化了的铁屑会和厚纸或者玻璃板分开，并且在磁力的作用下移动位置，最后停留在磁针原本应在的位置。铁屑就这样沿着磁力线整齐排列，彼此连在一起，从一个磁极分布开来，在磁铁两极之间形成一些短弧和长弧。我们发现铁屑在越靠近磁极的地方形成的图形线越密集、越清晰，这说明随着距离的增加，磁力在逐渐减弱。

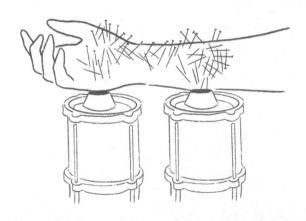

22. 证明磁力不能穿过易磁化的铁的实验

　　尽管听起来很奇怪，但是磁力不能穿过的物质竟然是易磁化的铁！把指南针放在一个铁制的环里，环外面的磁铁就无法吸引指南针的指针了。所以，我们可以用一块外壳是铁制或者钢制的表来做实验，因为磁性是无法穿过钢和铁的。即使把表拿到一个强大的发电机线圈附近，它的准确度都不会受到一点儿影响。易磁化的铁壳可以保护表里的钢制零件，使这些零件不受磁力影响。对于经常与磁力打交道的工人来说，戴这种表很合适，因为这样的表不会像其他金属材质的表那样很快被磁化。

23. "人造雷雨"实验

用一根橡皮管就可以在家里制作一个小型喷泉：把一根出水口非常小的橡皮管的一端放到一个高处的水桶里，或者套在自来水的水龙头上。橡皮管另一端连接在一个瓶口非常小的瓶子上，使水从瓶口中喷出，变成"喷泉"的样子。把"喷泉"放在半米的高度，让水流竖直地向上流，然后把一根用绒布反复擦拭过的火漆棒或一把硬橡胶梳子放到"喷泉"附近。你就会看到"喷泉"向下喷射，部分水流本来是细细的，此刻却汇成一大股水流。水流跌落到下面的容器里，会发出巨大的声响，和雷雨的声音很像。这是因为水在流出来的时候已经生电，而且朝向火漆棒或硬橡胶梳子的水滴带的是正电，相反方向的水滴带的是负电。当水滴里面不同的带电部分相互接近的时候，自然就会因相互吸引而结合，形成大的水滴。正是因为这个原因，在雷雨天的时候，雨点会格外大。

24. 罗森堡实验

　　我们把一把铁钳放在天平的一端，钳子的一只腿放在盘子上，一只腿用线挂到天平上面的钩子上。在天平的另一端放上砝码，使天平保持平衡。然后，我们把线烧断，让钳子的这只腿落下来。那么，在这只钳腿下落的瞬间，天平的两端会发生什么变化呢？它在下落的一瞬间，放置铁钳的一端会突然下沉、上升，还是保持原样？答案就是放置铁钳的这一端会向上升起。因为用线挂着的那一只腿虽然和另一只腿连着，但在下落的一瞬间，和它静止不动的时候相比，对托盘上的那只腿产生的压力小得多。所以，在这一瞬间，铁钳的重量变小了，托盘也就自然翘起来了。这就是著名的罗森堡实验。

25. 如何用筛子盛水？

根据常识我们知道，用筛子盛水是根本不可能的事情。下面我们就来做一个尝试用筛子盛水的实验：筛子是用金属丝编的，直径大约有15厘米，筛子孔的大小大约有1毫米，可以通过去一根大头针。事先把筛子浸入熔化的石蜡中，然后把筛子拿出来，这时在筛子的孔隙间就附着了一层石蜡。现在，我们就可以拿刚才的筛子去盛水了，只要动作不大，避免筛子受到震动，就可以盛出不少的水。那么水为什么没有漏下来呢？这是因为在用浸了石蜡的筛子盛水时，筛子的孔隙里形成了一层凹下去的膜，使得水不能从孔隙中漏下去。

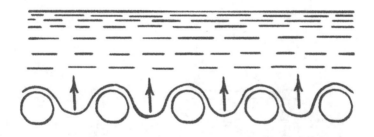

26. 如何制作肥皂泡？

肥皂泡，顾名思义，是用肥皂溶液吹出来的。我们洗衣服用的肥皂就可以吹肥皂泡。但是要想吹出又大又好看的肥皂泡，最好还是用橄榄油肥皂或杏仁油肥皂。把这种肥皂溶化在干净的冷水中，在肥皂溶液里加上1/3的甘油。溶液配好后，去掉上面的一层浮沫，然后找一根吸管，在吸管的一端里外涂抹上一些肥皂，把吸管竖直插到肥皂溶液里，让吸管沾上一些肥皂溶液。之后把没有沾溶液的吸管一端放到嘴里，均匀呼气，就会吹出肥皂泡来。因为我们呼出的是热气，比正常温度下的空气要轻一些，所以肥皂泡会向上飞起来。

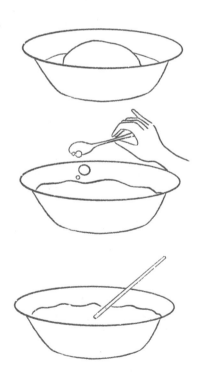

27. 如何证明液体向上产生压力？

在容器里装上液体，液体就会对容器的底部产生压力，同时还会对容器侧面产生压向容器壁的压力。但是，液体有时候也会向上产生压力。我们该如何证明呢？

首先找一只普通的煤油灯的灯罩。再找一张厚纸板，剪出一个圆形的纸片，纸片的大小要比灯罩口稍大一些。把圆形纸片盖在灯罩口上，并在纸片中心穿一条细绳，然后把灯罩倒转过来，用手拽住细绳，防止纸片脱落，把灯罩慢慢放到水里面，在某一个位置，放开纸片上的细绳，你会发现，圆形的纸片并没有从灯罩口上掉下来。也就是说，纸片这时受到了液体向上的压力，才在没有人为干预的前提下掉不下来。

28. 神秘的风轮

　　现在，我们来做一个好玩的东西。找一张长方形的纸，分别对折一下，然后再展开，两条折痕的交叉点就是这张纸的中心。再找一根针，纸片的中心插到针尖上，把针竖立在桌子上，纸片在针尖上会保持平衡。这时，如果稍微有一点儿微风，纸片就会转动。如果我们轻轻地把手放到纸片边上，会发现一个奇怪的现象，即纸片转动起来了，而且越转越快。如果这时我们把手拿开，纸片就会立刻停止转动；如果再把手靠近纸片，它又转动起来。为什么这么神奇？实际上，这是因为我们把手靠近纸片的时候，手下面的空气被手温暖了，空气就会上升，碰到纸片，就会带动纸片转动。

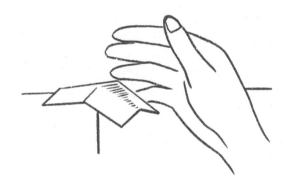

29. 用纸锅煮鸡蛋的秘密

如果我们尝试做一个纸锅，并且把一个鸡蛋放在锅里煮，你一定觉得这是不可能实现的，火会把纸烧掉。其实不然，这个纸锅根本不会烧坏。这是因为，纸锅没有盖子，是开着的，在这样的容器里，水只能煮到100℃，也就是沸腾的温度，纸锅里的水吸收了烧到纸上的热量，阻止了纸的温度超过100℃。这个温度正好阻止了纸的燃烧，所以即便火焰一直烤着纸，它也没有燃烧起来。如果用小纸盒做这个实验，效果更好。我们经常听到有人说，烧水的时候忘了往水壶里加水，结果把水壶烧化了。这是因为水壶的底部一般是用焊锡焊接的，焊锡的熔点很低，非常容易熔化，而如果水壶里面装了水，就不会发生这样的事故。

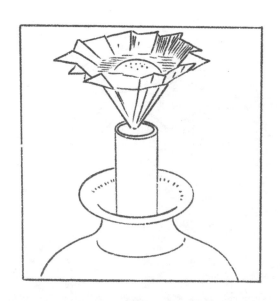

30. 声音反射镜实验

所有能够产生回声的障碍物，比如，森林、高大的院墙、建筑物、大山等，都可以称为声音反射镜。它们能够反射声音，从而产生回声，这就好像镜子反射光线一样。反射声音的镜子可能是曲面的，而凹面的障碍物就像凹面镜一样，可以把声音聚焦到焦点的位置。

我们来做一个非常有意思的实验。找两只盘子，把其中的一只放到桌子上，再用手拿着一个怀表，放到盘子上方几厘米的高度。然后，把另一只盘子放在耳朵旁边。如果怀表的高度正好在恰当的高度，而且盘子也放在了正确的位置，那么你就会从耳朵旁的盘子里听到怀表嘀嗒走动的声音。如果闭上眼睛，这种感觉会特别明显，甚至会让你错以为怀表就在耳朵旁边。

31. 带电的梳子

　　冬天的时候，在温暖安静的房间里，我们用一把普通梳子顺着头发梳下来，会听到梳子发出轻微的噼啪声。这是为什么呢？其实这是梳子在与头发摩擦后带上了电。不仅摩擦头发能让梳子带上电，干燥的毛毯也可以让梳子带上电，而且电量会更大。拿带电的梳子靠近一些较轻的物体，像纸屑、谷壳等，它们都会被梳子吸引过去，甚至粘到梳子上。还有更有趣的，把一枚鸡蛋放在干燥的酒杯里，在鸡蛋上面水平放一把长尺，并让尺子保持平衡。然后，用带电的梳子靠近尺子一端，尺子就会转动，甚至旋转起来。

32. 听话的鸡蛋

第1步：在鸡蛋的两头分别打一个小孔，从一端的小孔吹气，把鸡蛋里的蛋清和蛋黄倒出来，这样我们就得到了一个空蛋壳。

第2步：用蜂蜡封住空蛋壳的两个小孔，把它放在光滑的桌子、木板或者大盘子上，我们就可以用带电的木棒让空蛋壳转动起来。

如果旁观者不知道鸡蛋是空蛋壳的话，他一定会感到非常惊讶。我们还可以用纸环或者轻的小球来做这个实验。

33. 如何把物体吹向自己？

把一个空火柴盒放在桌上，如果让你把它吹远，你一定会认为这是一件非常简单的事情。那反过来呢？如果让你再把它吹回来，可以做到吗？相信很多人都做不到这一点。有人可能想把火柴盒吸过来，但最后火柴盒纹丝不动。那么，究竟如何做呢？其实方法非常简单，让你的同伴把手立起来，放在火柴盒后面，然后你向他的手吹气，气流碰到手掌就会被弹回来，作用于火柴盒，就把火柴盒吹回来了。需要注意的是，放火柴盒的桌子要足够光滑，不能铺桌布之类的东西。

34. 透视手掌

　　把一张纸卷成筒状，用左手把它放在左眼上，透过它向远方看去。同时，把右手对着右眼，而且要贴近纸筒。两只手跟眼睛的距离大约为15~20厘米。这时你会发现，透过手掌，右眼也能清晰地看到远方，就像手掌上有一个圆洞一样。为什么会这样呢？原因就在于，我们的眼睛具有自我调节的功能，为了看清楚远处的物体，左眼里面的晶状体进行了自我调节。实际上，眼睛的构造与工作是相互协调的。当一只眼睛这样变化的时候，另一只眼睛也会这样。右眼会跟着调整为远视状态，所以反而看不清眼前的手掌了。左眼透过纸筒看清了远处的物体，右眼也会跟着看向远处，而忽略眼前的手掌。所以，你会误以为右眼透过手掌看向了远处的物体。

35. "魔环"杂技表演的奥秘是什么?

　　杂技剧场里有一种会使人头晕的自行车杂技表演:杂技演员要骑自行车在一个环里从下到上绕一整圈。想要骑过上面半圈,就不得不头向下,沿着环前面的一段斜坡连人带车很快地冲上去。

　　这和做圆周运动的木桶的物理原理是一样的。当盛水的木桶旋转得足够快时,即使把木桶朝下翻过来,水也不会流出。在惯性的作用下,水并不会垂直下落,所以水不会从水桶中泼洒出来。杂技表演中的人也是这样,实际上这种杂技表演并不简单,杂技演员出发时的高度需要精确地计算,否则就很容易失败。

36. 神奇的有磁力的山

　　你听说过有磁力的山吗？在加利福尼亚州有一座山，经过那里的司机都认为这座山是有磁性的。原来，那里有一个奇怪的现象，在山脚下有一段倾斜的路，当汽车在这段倾斜的道路上向下行驶的时候，如果把汽车的发动机熄灭，汽车就会退向道路的高处运动，就好像被山上的磁力吸引了一样。一些人对这个现象进行了研究，发现并不是山有磁力，而是因为这段被认为是下坡的路段并不是向下倾斜，"有磁力的山"其实是一种视觉欺骗，实际上这段路有一个向上的坡度，完全可以让汽车在熄灭发动机的状态下滑行。

37. 镜子中的秘密

我们经常看到有人为了看清楚镜子中的自己，把灯放在自己的后面，以为这样可以照亮自己。其实，这种做法是错误的，灯照亮的只是我们的影子罢了。

镜子中的景象与实物也不是完全相同的。坐到桌子的前面，并在桌子上竖直放一面镜子，再在镜子前面放一张纸。通过镜子，观察手的动作，尝试在这张纸上画一个带对角线的长方形，你就会发现无法完成这个简单的任务。这里的镜子破坏了人们的视觉印象和运动感觉的相互默契，在眼睛看来，手的运动是变形的。我们可以对着它再放一面镜子，通过镜子的两次反射，把反向后的影子再反向一次，这样所有的字都恢复了正常。

第六章
诗词与物理学

01. "坐地日行八万里"是什么意思?

"坐地日行八万里"是毛泽东《七律二首·送瘟神》中的一句诗，它的意思就是：人坐在地上不动，但是一天可以走八万里路。古时候，人们总是以"一日千里"来形容很快的速度。但是其实我们真的可以一天走八万里。这是怎么做到的呢？其实人站在地球上时和地球是相对静止的，我们感受不到自己在运动，却始终随着地球一起进行自转，地球的直径约12500千米，赤道一周的长度约4万千米，也就是我们说的"八万里"，这是地球自转一天的里程，所以赤道上的人即使一整天一动不动，也会随着地球的自转走八万里。

02. "绿树阴浓夏日长，楼台倒影入池塘"中蕴含着什么物理学原理?

这是唐代诗人高骈所作《山亭夏日》中的诗句。它的意思是：盛夏时节，绿树郁郁葱葱，树荫下格外清凉，白昼比其他季节要长，清澈的池塘中能看到楼台的倒影。生活中我们也经常能看到水中的倒影，那么倒影是怎么形成的呢？我们发现，水中的倒影实际上是与实物关于水平面对称的，它是由于光的反射形成的，遵循"光的反射"定律。池塘的水面相当于镜面，对光有反射能力，而楼台反射的太阳光的方向是朝向水面的。站在池塘边看到的倒影，就是光线经过反射改变了方向后射入人眼形成的，所以我们看到的倒影的光线其实是从水面上射来的光。

03. "墙角数枝梅，凌寒独自开。遥知不是雪，为有暗香来"中蕴含着什么物理学原理？

　　这首诗叫《梅花》，是宋代诗人王安石所作。它的意思是：墙角有几枝梅花，正冒着严寒独自开放。为什么远远地就知道洁白的梅花不是雪呢？因为有幽香传来。那么我们是怎么闻到梅花的"暗香"的呢？其实这首诗写出了分子扩散这一物理现象。分子扩散指分子在不停地做无规则运动，并逐渐进入其他物质中的现象，并且温度越高，扩散得就越快。所以这首诗写在寒冷的冬季还能远远地闻到梅花的香气，更说明了梅花的香。

04. "飞流直下三千尺，疑是银河落九天"中蕴藏着什么物理学原理？

　　这两句诗出自唐代诗人李白的《望庐山瀑布》，相信我们都对这两句诗烂熟于心，李白在远望庐山瀑布的时候看到瀑布从高处倾泻而下，壮观的景象让人怀疑这是从天上倾泻下来的银河。这两句诗写出了庐山瀑布向下急冲直流的磅礴气势。瀑布在悬崖上面的时候具有巨大的重力势能，重力势能是物体因为重力作用而拥有的能量，物体的质量越大，相对位置越高，重力势能越大。当瀑布从悬崖上倾泻时，重力势能就转化为动能，动能是指物体由于做机械运动而具有的能量，瀑布的速度极大，它此时具有极大的动能。

05. "空谷传响，哀转久绝"出现的原因是什么？

这是郦道元描写三峡两岸的景象的句子，意思是两岸高处的猿猴长声啼叫，声音连续不断且哀伤婉转，在空荡的山谷里回传，很久才消失。为什么猿猴的叫声可以在山谷之间不断回响呢？声音在空气中的传播速度大约是340米/秒，在传播的过程中，一旦遇到障碍物、阻挡物，声音就会被反弹回来，再次被人耳听到，这就是回声。回声现象一直存在，只不过当两种声音传进我们耳朵里的时差小于0.1秒时，我们就无法区分出来了。所以我们才会觉得日常生活中没有回声，当在像山谷这样的空旷地方听到回声时，我们会感到惊奇。

06. "月落乌啼霜满天"中的"霜"是如何形成的？

这一句诗出自唐代诗人张继的《枫桥夜泊》，意思是秋天的夜晚，诗人泊船苏州城外的枫桥，此时月亮已经落下，乌鸦啼叫，寒气满天。"霜"在古诗里是形容天气极冷，但在我们的生活中很常见，尤其是在寒冷的北方，在天气转冷的秋天的清晨，我们经常会在草地上、枝头见到霜的身影。霜和雪一样都是白色的晶体，我们也经常听到人们说"下霜""霜降"，但其实霜和雪有很大的不同。雪是从天上降落下来的，是由天空中的水蒸气凝结而成的。霜却不是，它不是从天空中降下来的，而是由地表的水汽凝结而成的。夜里植物散热慢，水汽难以散发，清晨时地表的温度很低，这时它们之间就有一个温度差，当地表温度在0℃以下时，水汽就会在植物表面凝华为冰晶，因此形成霜。所以在寒冷的冬季清晨，户外的植物上通常都会结霜。

07. "春江潮水连海平，海上明月共潮生"中是如何描述海潮形成的？

　　这句诗出自唐代诗人张若虚的《春江花月夜》，意思是春天江上的潮水浩浩荡荡，与大海连成一片，一轮明月从海上升起，好像是和潮水一起涌出来的。诗中描写的海潮浩瀚无垠、气势壮阔，令人神往。那么海潮是如何形成的呢？牛顿发现万有引力定律之后，提出潮汐是由于月球和太阳对海水的吸引力引起的假设，海水随着地球自转受到离心力的作用，同时还受到月球、太阳等天体的吸引力，月球离地球最近，它对地球上海水的吸引力较大。地球、月球的不断运动使它们的相对位置发生着周期性变化，于是它们之间的引力也相应地变化，这就使潮汐现象周期性地发生。

08. "可怜九月初三夜，露似珍珠月似弓"中的"露"是如何形成的？

这是唐代诗人白居易所作《暮江吟》中的两句诗。夜晚他在江边愉快地写道，这是多么美好的九月初三的夜晚啊，晶莹的露珠像珍珠，弯弯的月亮像张弓。晶莹的露珠相信我们都见过，它是温度较高的空气遇到温度低的物体时凝结而成的小水珠。在晴朗无风的夜里，地表散热很快，温度迅速降低，而地表上散热慢，使热空气难以散发，这时它们之间就有一个温度差，地表温度很低并且在0℃以上时，地上的物体周围的空气因冷却就会达到水汽饱和时的"露点温度"，接着水汽就会在植物表面凝结形成水滴，这就是我们所说的露水。

09. "姑苏城外寒山寺，夜半钟声到客船"说明了什么物理知识？

这是唐代诗人张继《枫桥夜泊》中的两句诗，这两句诗包含着声音的产生和声音的传播等相关物理知识。夜半时分，姑苏城外的寒山寺里的钟声，飘荡到了江边的客船里。声音是由物体振动而产生的，这里的钟声就是钟受到僧人的撞击产生了振动而发出的声音。声音的传播需要介质，钟声通过空气的传播到达客船。客船上的人听到声音后能辨别出这是钟声，是因为声音振动的频率不同，音色也就不一样，客船上的人就是通过音色判断出这是钟声的。

10. "扬汤止沸"中为什么"扬汤"就能"止沸"?

《上书谏吴王》中提到过"扬汤止沸"这个成语,意思是把锅里开着的水舀起来再倒回去,这样就能使它凉下来不沸腾。生活中我们也经常会把热水"倒一倒"来使它变凉。为什么这样做沸水就能变凉呢?这是因为热量都会从温度高的物体传递到温度低的物体,热水舀起来再浇下去的过程中,热水与空气的接触面积增大,水的流动速度也加快,这就使热水的蒸发加快,水的温度快速降低,如此往复,所有的热水都会变凉,它就不再沸腾。

11. "釜底抽薪"中包含了什么物理学原理?

"釜底抽薪"出自《三十六计》第十九计,意思是从锅底把柴火抽出来,这样就能让水停止沸腾,比喻能从根本上解决问题。我们常常听到这样一句话:与其扬汤止沸,不如釜底抽薪。我们已经知道了把锅里开着的水舀起来再倒回去,这样就能使它凉下来不沸腾,但是如果锅下面一直都点着柴火,那么锅里的热水就不可能停止沸腾。因为柴火作为热源,源源不断地提供能量,将热量传递给水,只有将柴火抽走才能断掉热源,从根本上阻止热水继续沸腾。

12. "刻舟求剑" 中包含了什么物理知识？

"刻舟求剑"这个成语出自《吕氏春秋·察今》，讲的是一个楚国人渡江的时候，不慎把剑掉到了水里，他便立刻在船舷上刻了记号，当船靠岸后他从做记号的地方跳下水去捞剑，却找不到剑了。这个故事用来比喻做事不知变通。那么这个人是哪里"不知变通"呢？其实，物体的运动和静止是相对的，它的运动状态根据所选参考系的不同也会不同。当把记号作为参考系时，人和记号是相对静止的；当把剑作为参考系时，人和剑就是相对运动的，船载着人行驶，这样人与剑的距离越来越大，也就捞不回剑了。实际上，想要捞回剑，就要在它从船上掉下去时以岸边静止的物体作为参照物。

13. 从物理学角度看，为什么"抱雪向火"不会变暖和？

"抱雪向火"这个成语的意思是抱着雪烤火，这样当然烤不暖和，用来比喻所做的事和想要达到的目的相反，再怎么费力也不会有好结果。从物理学的角度来看，烤火是为了从火中吸收热量，从而给身体取暖。然而热量总会从温度高的物体传递到温度低的物体，如果抱着一团雪取暖，火中的热量不仅不会传递给人体，相反，雪还会从人的身体上吸取热量。这样看来，"抱雪向火"不仅不能吸收热量，相反还要损失热量，当然不能达到取暖的目的了。

14. 为什么没有光线时，我们只能看到"漆黑一团"？

"漆黑一团"出自鲁迅的《书信集·致姚克》，这个成语用来形容环境非常黑暗，没有一点儿光明。在封闭严实的房间里，黑暗给我们的感觉是很稠密的，就像是黑色凝聚成了一团。从物理学的角度来分析这个现象：人的眼睛能看到物体的条件是有光线射入人的眼睛，这些光线有的是光源本身发出的光，经过反射后射入了人的眼睛，眼睛通过接收光信号使我们看到物体。如果没有光线进入我们的眼睛里，我们就看不到任何物体，自然就是"漆黑一团"了。

15. "掩耳盗铃"传递出关于声音的哪些知识？

"掩耳盗铃"出自《吕氏春秋·自知》，讲的是一个窃贼晚上去偷一口钟，他怕钟会响，于是把自己耳朵堵住，以为自己听不见，别人也就听不见了。这个成语用来比喻自己欺骗自己。声音是由振动产生的，产生的声音通过空气的传播可以到达人耳。阻断声音传播的方法有三种：一是在声源处阻断，二是在传播过程中阻断，三是在人耳处阻断。当我们用手捂住耳朵时，相当于在人耳处阻碍了声波的传播，所以捂住耳朵的人就听不到铃声了。偷钟的人如果想要别人听不到铃声，最好的方法就是不让钟继续振动，他的做法很显然是自欺欺人。

16. "镜花水月"是真实存在的吗？

"镜花水月"这个成语比喻可望而不可即的虚幻的景象。从物理学的方面来分析，镜子中的花和水中的月都是因为平面镜成像的物理原理形成的。平面镜成像是由光的反射产生的。当照射到人身上的光线被反射到镜面上时，光滑的平面镜又将光反射到人的眼睛里，这样我们就看到了自己在平面镜中的像。平面镜中的像是虚像，是由反射光线的延长线的交点形成的，和物体的大小相等，但并不能被光屏接收到，所以平面镜成的像是虚像，镜中花、水中月都是这样的虚像。

17. 为什么说"冰冻三尺，非一日之寒"？

"冰冻三尺，非一日之寒"最早出现在东汉哲学家王充所著的《论衡·状留篇》中，原文是"故天河冰结合，非一日之寒；积土成山，非斯须之作"。这句成语的意思是：冰冻厚三尺，不是一天的寒冷造成的。用来比喻事情由来已久，不是一朝一夕所形成的。我们都知道水在0℃以下就会结冰这个物理常识。水在结冰的过程中会放热。如果想要冰的厚度达到三尺（大约是1米），必须有长时间的低温环境，使大量的水或冰放热，这样才能不断地形成大量冰。

18. "一叶障目"中包含了什么物理学原理?

"一叶障目"出自《鹖冠子·天则》,说的是一个楚国人在一本书中看到如果得到螳螂捕蝉时隐蔽的树叶,就可以用来隐身,于是他找到了一片树叶挡住了眼睛,便认为自己可以隐身了。这个故事用来比喻目光短浅,为局部或暂时的现象所迷惑。因为光是沿直线传播的,树叶是不透明的物体,光线射到树叶上时就会被阻挡住,并且还会发生反射,光线不能进入人眼,所以"一叶障目"的时候就不能看到远处的物体。但是对于其他人来说,光线仍旧能照射在这个人身上发生反射并射入其他人眼中,所以其他人仍然能看到他。

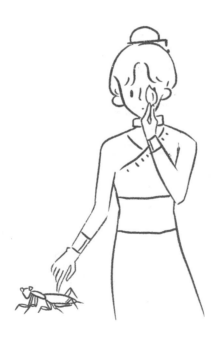

19. 为什么会发生"沉李浮瓜"？

　　三国时期，曹丕会在夏天把李子和甜瓜等水果放在冷水中浸凉后再食用，这个成语由此诞生。它的意思是把李子和甜瓜放在冷水里，李子会沉下去而甜瓜会浮起来，用来形容夏天消暑的生活。为什么李子在冷水中会沉下去而甜瓜能浮起来呢？我们知道，甜瓜里面有空心的部分，正因为如此，甜瓜的重量就比同体积的水要轻，当把瓜全部浸没在水中时，浮力大于重力，所以甜瓜就能上浮。然而像李子这样的水果，内部不是空心的，它的内部有核，重量就比同体积的水重。所以把李子放入水中时，浮力小于重力，李子会下沉到水底。

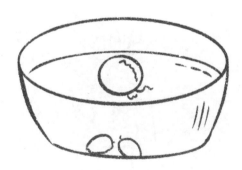

20. "一发千钧"中一根头发能承受多大的力？

"一发千钧"出自《汉书·枚乘传》，古代把30斤称为一钧，这个词的意思是用一根头发吊着重一千钧的重物，用来比喻形势十分危急。从物理学的角度来分析，如果取下一根头发用弹簧测力计钩住并拉断，以此来测量一根头发能承受的最大拉力，经过多次测量，一根头发所能承受的最大平均拉力不过1.72牛顿。而1钧也就是30斤的力，相当于150牛顿，这样算来，1千钧就是1.5×10^5牛顿。这样看来，"一发千钧"的情况怎么能不紧急呢？

21. "真金不怕火炼"中真金为什么不怕火炼？

我们在生活中经常听到"真金不怕火炼"这句话，它是形容人意志坚强、经受得住考验的意思。金子为什么不怕火炼呢？这里的"炼"不是说火不能使金子熔化，金子的熔点并不高，它指的是金子的化学稳定性很强。因为真金在空气中加热，即使熔化后也不会和空气中的氧气发生化学反应，也就不会被氧化，这样它的质量就没有减少，并且一直呈现耀眼的金黄色。但是像铅、铜、锌这类金属，在被火炼的过程中会因为发生氧化反应而质量减少，并且颜色变黑。这就是"真金不怕火炼"这句话的由来。

22. "枕戈待旦"中包含了什么物理知识？

这个成语出自《晋书·刘琨传》，是西晋人刘琨写给家人的信中提到的，他写道："在国家危难时刻，我经常枕戈待旦，立志报国。"后来人们用这个词来形容士兵时刻警惕敌人，准备作战。戈是古代的一种兵器，由金属制成。为什么士兵要枕着戈来睡觉，时刻警惕敌人呢？这是因为声音要通过介质来传播，而声音在不同介质中的传播速度是不同的，一般在固体中的传播速度比在液体中的传播速度大，在液体中的传播速度比在气体中的传播速度大，所以声音能在戈中传播得更快。这样当敌人来进攻的时候，士兵就可以迅速地听到声音迎接战斗了。